Anja Hilgert

Erprobung von Animationen zur Festigung geographischer Fachkompetenz

Zur Unterrichtseinheit: "Asien - Extreme des Naturraums"

GRIN Verlag

Bibliografische Information der Deutschen Nationalbibliothek:

Die Deutsche Bibliothek verzeichnet diese Publikation in der Deutschen Nationalbibliografie; detaillierte bibliografische Daten sind im Internet über http://dnb.d-nb.de/ abrufbar.

Impressum:

Druck und Bindung: Books on Demand GmbH, Norderstedt Germany
ISBN: 978-3-640-28384-2

Asien – Extreme des Naturraums

Erprobung von Animationen zur Festigung geographischer Fachkompetenz

Eine Unterrichtseinheit in einer 8. Klasse des Albert-Einstein-Gymnasiums

Schriftliche Prüfungsarbeit zur Zweiten Staatsprüfung für das Amt der Studienrätin

vorgelegt von

Anja Hilgert
Studienreferendarin
2. Schulpraktisches Seminar
Im Bezirk Neukölln (S)

Berlin, den 30.03.2007

Inhaltsverzeichnis

1 Einleitung

Die Änderung des Schulgesetzes am 23.03.2006 durch das Berliner Abgeordnetenhaus und dessen Beschluss das Fach „Ethik" mit Beginn des Schuljahres 2006/2007 in der Sekundarstufe I einzuführen[1], zog eine Umverteilung der Stundenzahl einiger Fächer nach sich. Für das Fach Erdkunde bedeutete dies zunächst eine Kürzung der wöchentlichen Unterrichtsstunden auf eine Stunde in den Klassen 7 bis 10. Die einzelnen Schulen haben allerdings die Möglichkeit das Fach aus Poolstunden im Rahmen der Profilbildung oder über Stunden des zweiten Wahlpflichtfaches zu verstärken.[2] Trotz dieser Aussicht müssen sich die Fachlehrkräfte dennoch zukünftig genauer mit dem Problem der Einstündigkeit befassen, denn die gleich gebliebenen Standards der Doppeljahrgangsstufen gilt es nach wie vor zu erreichen. Hinzu kommt, dass durch Feiertage, schulintern und zentral gesteuerte Prüfungen, Wander- und Brückentage zusätzlich Unterricht ausfällt. Dies bedeutet folglich, dass unter Umständen lediglich alle 14 Tage 45 Minuten Erdkundeunterricht stattfindet. Die Frage nach der Möglichkeit der Verankerung von Fachwissen auch in Konkurrenz um die Wahrnehmung und Relevanz des Faches zu anderen, mehrstündig unterrichteten Schulfächern ist also durchaus berechtigt.

Hier liegt der Ansatzpunkt dieser Arbeit, in der es darum geht, den Schülern[3] einer 8. Klasse die komplexen und teils abstrakten Abläufe von Überschwemmungsursachen möglichst motivierend, verständlich sowie anschaulich zu vermitteln und somit trotz der Einstündigkeit eine Festigung des im Unterricht erlernten Wissens zu erreichen. Der Frage, ob die neuen Medien die Wissensverankerung unterstützen und so möglicherweise auch den Mangel an Zeit kompensieren können, soll hier ebenfalls nachgegangen werden. Der Einsatz von Animationen als eine Form der neuen Medien stellt unter diesen Gesichtspunkten einen geeigneten Weg zur Wissensvermittlung dar, da diese die vorher erwähnten Ansprüche miteinander verbinden.

In der die Unterrichtsabsicht begleitenden Untersuchung soll daher der Frage nach dem Einfluss des Animationseinsatzes auf die Festigung von Fachwissen[4] nachgegangen werden.

Der erste Abschnitt dieser Arbeit behandelt die für das Verständnis dieser Thematik notwendigen theoretischen Grundlagen (vgl. Kap. 2). Der sich anschließende praktische Teil widmet sich zunächst den Rahmenbedingungen durch eine Analyse der Unterrichtsvoraussetzungen (vgl. Kap. 3), anschließend deren Vergleich mit

---

[1] §12 Absatz 6 **SchulG** vom 26. Januar 2004, in der seit 1. Januar 2007 geltenden Fassung (zuletzt geändert durch Art. V des Gesetzes vom 11. Juli 2006)
[2] Vgl. SENATSVERWALTUNG FÜR BILDUNG, JUGEND UND SPORT 2006[3]
[3] Der Begriff *Schüler* wird in dieser Arbeit geschlechtsneutral behandelt.
[4] Sachkompetenz als die geografische Fachkompetenz, die operationalisierbar und somit vergleichbar ist. Weitere Kompetenzen finden ebenfalls Beachtung, sollen aber nicht im Zentrum der Aufmerksamkeit dieser Arbeit stehen.

dem vorangegangenen Kapitel, was dann zur Formulierung der Leitfragen für diese Arbeit führt (vgl. Kap. 4). Hier schließt sich die Planung der Unterrichtsreihe an (vgl. Kap. 5), in der neben den unmittelbar unterrichtsrelevanten Darlegungen (vgl. Kap. 5.1 – 5.6) auch die angewandten Verfahren zur Überprüfung der *Festigung* (vgl. Kap. 5.7) erläutert werden. Darauf folgt die Darstellung und Analyse zweier schwerpunktrelevanter, exemplarisch ausgewählter Unterrichtsstunden (vgl. Kap. 6). Dieser Abschnitt führt dann zur Auswertung der Unterrichtsergebnisse (vgl. Kap. 7) und mündet in der Beantwortung der eingangs formulierten Leitfragen. Den Abschluss bildet die zusammenfassende Betrachtung des Unterrichtsvorhabens in der Gesamtreflexion (vgl. Kap. 8).

2 Theoretische Grundlagen

Die Darstellungen in diesem Kapitel dienen insbesondere der Erläuterung des medialen Schwerpunktes dieser Arbeit auf der Basis der Literatur sowie der für diese Arbeit schwerpunktrelevanten Begriffe, welche im Zusammenhang mit dem praktischen Teil (vgl. Kap. 5 - 7) von Bedeutung sind. Im Folgenden findet sich zunächst eine allgemeine Erläuterung, die dann im Praxisteil eine aspektbezogene Behandlung ermöglicht.

2.1 Animationen

Es wird darauf hingewiesen, dass die Ausführungen in diesem Kapitel nicht den Anspruch auf Vollständigkeit erheben. Sie werden bezüglich ihrer Bedeutung für diese Arbeit beschränkt.

2.1.1 Allgemeine Begriffsbestimmung

Das Wort „Animation" leitet sich aus dem Lateinischen von „animare" für „zum Leben erwecken, Beleben" ab.[5] Zu Animationen zählt man elektronische Lernumgebungen vom bewegten Bild bis hin zur Visualisierung von Prozessen.[6] Sie bleiben auf einer niedrigen Stufe von Interaktivität[7] und bieten keine Steuermöglichkeiten im ablaufenden Prozess. Sämtliche Animationen beruhen auf dem Prinzip, dass Veränderungen in aufeinander folgenden Einzelbildern im Gehirn als Bewegung aufgefasst werden.[8] So können Prozesse als chronologische Abfolgen in den Naturwissenschaften verständlich visualisiert werden. Nach ISSING[9] vermitteln Visualisierungen einerseits *Anschauung* dort, wo den Adressaten die direkte Erfahrung fehlt, andererseits bietet Visualisierung *Veranschaulichung* von unanschaulichen Dingen wie Theorien, Modellen und Ideen, was heutzutage

---

[5] Vgl. BERTELSMANN LEXIKON-INSTITUT 1992, S. 174
[6] BENDEL, HANSKE 2004 zitiert in HAUBRICH 2006, S. 214
[7] Der sogenannte „Mehrwert von digitalen Medien". Er umfasst solche Eigenschaften, die dem Benutzer Hilfestellungen, Eingriffs- und Steuermöglichkeiten eröffnen. (Vgl. ISSING, KLIMSA 2002, S.555 u. SCHLEICHER 2004, S.24); zu den unterschiedlichen Niveaus der Interaktivität vgl. HAUBRICH 2006, S. 215 u. SCHLEICHER 2004, S. 25
[8] Vgl. http://de.wikipedia.org/wiki/Animation
[9] ISSING 1994, S. 278-279

bei der Vermittlung der sich rasant vermehrenden Informationen und teilweise sehr abstrakten Theorien von zentraler Bedeutung sein dürfte.
Die Animation ist in der Lernpsychologie also im weiteren Sinne ein Verfahren der Wissensvermittlung, bei dem dafür geeignete Inhalte multimedial aufbereitet und in festgelegtem zeitlichem Ablauf dem Lernenden präsentiert werden.[10]
Animierte Bilder haben hier gegenüber den statischen den Vorteil, Veränderungen explizit darstellen zu können. Animationen sollten aber auch nach MAYER nach dem Modalitätsprinzip mit gesprochenem oder geschriebenem Text begleitet werden. Der Kommentar sollte dabei zeitlich nah zum kommentierten Abschnitt der Animation präsentiert werden.[11] Auch ISSING konstatiert hierzu: „Die Lernpsychologie hat nachgewiesen, daß Bildinformationen wesentlich besser elaboriert und behalten werden als Textinformationen, und daß eine vernetzte, d.h. sich ergänzende Darbietung von Text und Bild zu besseren Behaltensleistungen führt.“[12] (vgl. Kapitel 2.1.3)
Zur Vermeidung einer möglichen Verwechslung bleibt zu erwähnen, dass die Animationen von den *Simulationen* abzugrenzen sind, bei denen in modellhaften Nachbildungen unter anderem die Möglichkeit besteht Entscheidungsprozesse und Abläufe durch externe Eingriffe und Änderung der Ausgangsparameter zu beeinflussen. Die Interaktivität ist bei Simulationen komplex.[13]

2.1.2 Vorzüge und Bedenken

Bei dem Einsatz von Animationen gibt es einige Aspekte zu beachten (vgl. Kapitel 5.4), die im Folgenden aufgeführt werden. Hierbei sollen insbesondere die Vorzüge zu anderen darbietenden Verfahren wie Plan- und Rollenspielen oder Experimenten, mit denen ebenfalls die Behandlung von räumlichen Prozessen im Unterricht erfolgreich durchgeführt werden kann, aufgezeigt werden. ISSING und KLIMSA konstatieren „ (...), dass Multimedia und Internet als kognitive Werkzeuge sehr gute Vorraussetzungen dafür bieten, um durch eine didaktisch adäquate Präsentation von Lernkonzepten und -inhalten die erwünschte Bildung mentaler Modelle zu fördern. Auf diese Weise wird die Integration neuen Wissens in die individuell vorhandenen mentalen Strukturen erleichtert.“[14] Auch HAUBRICH formulierte: „Vernetztes Denken konnte bisher nirgendwo im traditionellen Unterricht so gut geschult werden wie heute mithilfe der neuen Medien.“[15]
Die Aussagen treffen natürlich nur dann zu, wenn die verfügbaren Softwareangebote didaktisch und fachlich eine Qualität aufweisen, die den intendierten Unterrichtszielen gerecht werden. Dementsprechend muss die einzusetzende Software

[10] Vgl. http://de.wikipedia.org/wiki/Animation ; 02.03.2007, 12:03
[11] Vgl. MAYER 2001, S. 118
[12] Zitiert aus ISSING 1994, S. 281
[13] Vgl. HAUBRICH 2006, S. 214,215
[14] ISSING, KLIMSA 2002, S. 2
[15] HAUBRICH 1997, S.240

zuvor einer Prüfung durch die Lehrperson unterzogen werden. Bei der Bewertung ist auf folgende Aspekte im Hinblick auf die Unterrichtsziele zu achten[16]:

1. Die Optimierung des Lernprozesses durch gesteigerte Motivation, entdeckendes und individuelles Lernen,
2. Die Aufbereitung der Inhaltsstruktur durch den Grad der Einsicht in dynamische Systeme, Verdeutlichung der Konsequenzen monokausalen Denkens und leichteres Denken in vernetzten Systemen,
3. Das Ausmaß der technischen Möglichkeiten bestimmt durch den Grad der Interaktivität (vgl. Kapitel 2.1.1) und
4. Die Möglichkeit der Wissenschaftsorientierung durch Modellmethode, forschendes Lernen und Erschließung komplexer Problembereiche.

Den Bedenken gegenüber der Eignung von Animationen für den Unterricht muss bei einer solchen Bewertung ebenfalls Beachtung geschenkt werden. Hier gilt es zu prüfen:

A. Die Vereinfachung von Systemen durch z.B. Reduzierung der Parameter. Dies kann zu Schwierigkeiten beim Transfer und der Anwendung des Gelernten in realen Systemen führen.

B. Die teils fehlende Offenlegung aller Algorithmen und die suggerierte Mathematisierbarkeit von Problemen. Dies kann zu Fehlschlüssen führen oder für Verwirrung sorgen.

Durch eine eingehende Analyse des Materials bezüglich des Unterrichtsschwerpunktes und eine transparente Darstellung der kennzeichnenden Größen für die Schüler, können die Bedenken jedoch eliminiert werden.

2.1.3 Bedeutung von Animationen für den Erdkundeunterricht

Im Gegensatz zu anderen Fächern wie Physik oder Chemie, in denen Animationen bereits in noch recht einfacher Form sehr früh zur Veranschaulichung komplexer Unterrichtsinhalte Verwendung fanden, z.B. zur Darstellung von Reaktionsmechanismen oder der Funktionsweise von Motoren, aber auch im Fremdsprachenunterricht durch den Einsatz von Cartoons oder Zeichentrickfilmen zur Steigerung der Sprechbereitschaft[17], traf man diese Form der Vermittlung im Erdkundeunterricht nur vereinzelt an. Dennoch haben die neuen Medien auch in diesem Unterrichtsfach eine wichtige und oft unterschätzte Bedeutung.[18]

Die Darstellungen in diesem Kapitel beschränken sich auf die wesentlichen, für diese Arbeit relevanten Funktionen und die sich daraus ergebende Bedeutung von Animationen für den Erdkundeunterricht.

Durch das Erfinden neuer Techniken in den letzten beiden Jahrzehnten, welche die Herstellung von unter anderem Animationen erleichterte und somit eine Zu-

---

[16] Vgl. RINSCHEDE 2003, S. 266, HEMMER 1997, S.218f., FALK 2003, S. 124, SCHRETTENBRUNNER, SCHLEICHER 2002, S. 28

[17] Vgl. Burger 2004, S. 417

nahme dieser neuen Medien zur Folge hatte, sowie eine bessere Ausstattung der Schulen mit Computern und Internetanschlüssen und ein größeres Angebot im Internet, z.B. der öffentlich-rechtlichen Fernsehsender als Zusatzangebote zu deren (Wissens-) Sendungen, eröffnen sich für den Erdkundeunterricht zahlreiche Möglichkeiten auf den Zugriff dieser Medien mit Fachbezug.

Der Erdkundeunterricht ist in besonderem Maß auf Veranschaulichung angewiesen. Vorrangig bei physiogeografischen Themenbereichen, die als Schwerpunkte einiger Themenfelder in den Klassen der Sekundarstufe I auftreten, da diese für einen Großteil der Schüler aufgrund ihrer Komplexität und Abstraktheit eher schwer zu verstehen und dementsprechend mit geringerem Interesse und weniger guten Lernleistungen verbunden sind als anthropogeografische Inhalte.[19] Dies liegt wohl vor allem daran, dass eine Auseinandersetzung mit den räumlichen und zeitlichen Prozessen schwer nachvollziehbar ist, da sie sich oft einer direkten Beobachtung entziehen.

Im Gegensatz zum Lernen am Original haben Animationen außerdem den Vorteil, dass sie einen geografischen Sachverhalt an einem konkreten, scheinbar dreidimensionalen und auf das Wesentliche reduzierten Objekt veranschaulichen. Insbesondere Prozesse, die aufgrund ihrer zeitlichen und räumlichen Ausprägung kaum „fassbar" sind, können durch eine Reduktion des Maßstabs und eine positive oder negative Beschleunigung des zeitlichen Ablaufs in einer Animation beobachtbar gemacht werden. Somit *erleichtern* Animationen *den Erkenntnisgewinn* und ermöglichen konkret-anschauliche Vorstellungen über den Verlauf naturgesetzlich gesteuerter Prozesse.[20] Animationen können auf diese Weise insbesondere leistungsschwächeren Schülern, die lange Zeit in der Phase des konkret-operationalen Denkens[21] verweilen, als wichtige Lernhilfe dienen. Das Anliegen der Erdkundelehrer, und damit auch meines in der dieser Arbeit zu Grunde liegenden Unterrichtsreihe, muss es demnach sein, Animationen häufiger in den Unterricht einzubinden und auf diese Weise den Schülern den Lernerfolg durch eine große Anschaulichkeit zu erleichtern.

Hinzu kommt, dass die mit Animationen verbundene Vermittlung fachlicher Inhalte durch eine *multisensorische Aufnahme*, die der Forderung durch Pestalozzi eines „Lernens mit Kopf, Herz und Hand"[22] entspricht, zu einem größeren Lernerfolg führen soll. Bei VESTER (1999) heißt es dazu: „Je mehr Kanäle der Wahrnehmung benutzt werden, desto besser wird das Wissen gespeichert, desto vielfältiger wird es verankert und auch verstanden"[23]. Unter Berufung auf eine Studie der AMERICAN AUDIOVISUAL SOCIETY konstatiert KLIPPERT, dass man „etwa 10% von dem

[18] Vgl. HAUBRICH 2006, S. 214
[19] Dies bestätigen sowohl langjährige Erfahrungen vieler Kollegen als auch meine eigenen.
[20] Vgl. SCHRETTENBRUNNER 1997, S. 217
[21] Dies entspricht nach der Theorie der kognitiven Entwicklungsphasen von PIAGET der dritten Phase der geistigen Entwicklung (vgl. GUDJONS 1999, S. 128).
[22] SCHMIDT 2003, S. 6
[23] Vgl. VESTER 1999, S. 115

behält, was man liest, [...] 30% von dem, was man sieht, [...] 70% von dem, was man sieht und hört, [...] und 90% von dem, was man selbst ausführt“[24]/[25]. Erklärbar ist dieses Ergebnis daraus, dass das Lernen über mehrere Sinnes- bzw. Lerneingangskanäle eine Ansprache beider Gehirnhälften und demzufolge eine Speicherung des Gelernten auf mehreren Ebenen mit sich bringt. Dies bedeutet wiederum ein besseres Behalten, also eine *Festigung* der aufgenommenen Informationen[26], d. h. ein nachhaltigeres Lernen. Dieser Effekt müsste demnach für die während der Unterrichtsreihe verwendeten Animationen beansprucht werden können.

Das Interesse an einer Überprüfung dieser von der AMERICAN AUDIOVISUAL SOCIETY gewonnenen Ergebnisse hinsichtlich des höheren Lernerfolgs durch Animationen im Vergleich zum traditionellen Unterricht bildet den Hauptausgangspunkt dieser Arbeit (vgl. Kap. 4).

Ferner wirken Animationen aufgrund ihrer Abweichung von herkömmlichen Medien in besonderer Weise anregend, belebend und motivierend. Die *Motivation* hat dabei eine gesteigerte Aufmerksamkeit der Schüler für den Unterricht zur Folge und kann auf diese Weise zu besserem Verstehen und längerem Behalten[27] gewonnener Erkenntnisse als andere Unterrichtsmethoden beitragen.[28] Sie ist somit für den Unterrichtserfolg von großem Vorteil und kann die Schüler sogar dazu anregen, mehr Freizeit für das Fach zu investieren. Die Ausführungen dieses Absatzes, d. h. die mit Animationen einhergehende Motivation und die daraus resultierenden höheren Lern- und Behaltenswerte, bilden einen weiteren Ausgangspunkt dieser Arbeit (vgl. Kap. 4).

Ebenso erlauben Animationen eine *wissenschaftspropädeutische Methodenschulung* und stärken auf diese Weise die Entwicklung methodischer Handlungskompetenz vor allem in kognitiver und motorisch-manueller Hinsicht. Sie entsprechen damit der im Zentrum des modernen Unterrichts stehenden *Kompetenzentwicklung* und dem „dynamischen Modell des Wissenserwerbs“[29], welches die Schüler durch das Beherrschen von Kompetenzen dazu befähigen soll, sich lebenslang neues Wissen anzueignen. Diese Forderung schlägt sich auch in den intendierten Lernzielen und Kompetenzen dieser Unterrichtsreihe nieder (vgl. Kap. 5.3).

Ein weiterer wichtiger Aspekt, der die Animationen im Vergleich zu anderen explorativen Methoden wie z.B. Experimenten hervorhebt, ist der Zeitfaktor. Während man bei einstündigem Unterricht nur schwerlich und in sehr begrenztem Umfang z.B. Experimente[30] durchführen kann, lassen sich Animationen schnell und mit einer sofortigen Verfügbarkeit einsetzen.

---

[24] KLIPPERT 2004, S. 32
[25] Der ausführende Bereich wird bei den Animationen durch die Interaktivität angesprochen.
[26] Auf detaillierte lernpsychologische Ausführungen soll an dieser Stelle zu Gunsten des Schwerpunktes dieser Arbeit verzichtet werden.
[27] „Das Verstandene wird bekanntlich [...] besser behalten als das Unverstandene.“ (DÜKER/TAUSCH 1957, S. 396)
[28] Vgl. HAUBRICH 1997, S. 180 und KÖCK 1986, S. 242
[29] SENATSVERWALTUNG FÜR BILDUNG, JUGEND UND SPORT 2006², S. 5
[30] Gleiches gilt für Plan- und Rollenspiele

2.1.4 Der didaktische Ort des Animationseinsatzes

Bei der Frage nach dem didaktischen Ort des Einsatzes von Animationen gilt, dass sie grundsätzlich an allen eingesetzt werden können. Jedoch erhält die Animation ihren besonderen Stellenwert erst durch Einbettung in den Kontext des Unterrichts und gehört somit in die Erarbeitungsphase. Würde sie lediglich zur Veranschaulichung bereits erarbeiteter Sachverhalte eingesetzt werden, also in der Sicherungsphase, so wäre der motivierende Effekt verpufft. Ähnliches gilt für den Einstieg, da gerade hier der Vorteil der Möglichkeit des individuellen Lernens (vgl. Kapitel 2.1.2 und 2.1.3) keine Entsprechung finden würde. Die Erarbeitungsphase ist also der prädestinierte Ort für den Einsatz von Animationen, da dies geradezu zur Anwendung des induktiven Schlussfolgerns auffordert.
Wie der Schwerpunktsetzung dieses Kapitels zu entnehmen ist, habe ich mich für das vorliegende Unterrichtsvorhaben dazu entschieden, die Animationen vorrangig in der Erarbeitungsphase einzusetzen. Eine weitere Verwendung finden sie einmalig in einer Hausaufgabe im Sinne der Zeitersparnis als vorentlastende Maßnahme. Diese Einschränkung ergibt sich aufgrund des begrenzten Umfangs der Unterrichtsreihe. Eine Variation des didaktischen Ortes unter dem Aspekt des Einflusses auf den Lernerfolg ist nicht zu leisten.

2.1.5 Verlaufsphasen des Animationseinsatzes im Unterricht

Mit der vorrangigen Stellung der Animationen in der Erarbeitungsphase geht ein für den Einsatz dieses Mediums im Erdkundeunterricht typischer Verlauf einher. Dieser gliedert sich in vier Phasen:

1) *Einführungs- und Vorbereitungsphase:* Die Aufgabe dieser Phase ist die Heranführung der Schüler an die durch Verwendung der Animationen zu lösende Frage durch das Erkennen und Formulieren eines Problems, was in der Äußerung von Vermutungen mündet.
2) *Anwenderphase:* Während dieser Phase erfolgt der Gebrauch der Animationen in Einzel- oder Partnerarbeit, wobei die Beobachtungen verschriftlicht werden. Durch gezielte Beobachtungsaufträge und Selbsttätigkeit der Schüler soll deren Aufmerksamkeit gesteigert werden.
3) *Auswertungs- und Ergebnisphase:* In dieser Phase erfolgt die qualitative oder quantitative Auswertung der Ergebnisse sowie deren Zusammenfassung im Plenum.
4) *Transferphase:* Den Abschluss bildet die Übertragung der gewonnenen Erkenntnisse auf die geografische Realität, denn „der Schüler darf das Modell nicht vorbehaltlos mit Naturgegebenheiten gleichsetzen“[31].

[31] WILHELMI 2000, S. 7

2.2 Festigung

Die Ausführungen in diesem Kapitel dienen der Definition des Begriffs „Festigung" und der Darstellung dessen, wie jene in dieser Arbeit gemessen werden soll. Die dabei vorgenommenen Einschränkungen sind sowohl dem begrenzten Umfang dieser Arbeit als auch der Notwendigkeit der messbaren Überprüfung geschuldet (vgl. Kap. 5.7).

2.2.1 Begriffsbestimmung

Unter dem zweiten zentralen Begriff dieser Arbeit, *Festigung* oder *Konsolidierung*, versteht man in der Neurobiologie und Psychologie die Überführung von Gelerntem vom Kurzzeit- ins Langzeitgedächtnis.[32] Sie entspricht damit dem zweiten von vier Prozessen des Langzeitgedächtnisses. Sie folgt auf das *Lernen*, auch als *Encodieren* bezeichnet, also dem Neueinspeichern von Informationen und steht vor dem *Erinnern*, also der *Reproduktion* oder *Rekonstruktion* von Gedächtnisinhalten.[33]/[34] Die Festigung äußert sich im Unterricht durch den ***Lernerfolg***. Dieser ist im Gegensatz zur Festigung direkt messbar und wird zum Zweck der späteren Messung (vgl. Kapitel 5.7) nun noch näher beleuchtet. Trotz häufiger Verwendung des Begriffs „Lernerfolg" gibt es in der umfangreichen didaktischen und psychologischen Literatur[35] keine eindeutige Definition. Dies lässt sich zum Teil darauf zurückführen, dass „Lernen" sich nicht direkt beobachten lässt, sondern nach ZIMBARDO „aus Veränderungen des beobachtbaren Verhaltens erschlossen werden" muss.[36] Darüber hinaus verbirgt sich hinter dem Begriff „Lernen" ein sehr komplexer Prozess, der u. a. die Gewinnung neuer Erkenntnisse, das Verstehen von Sachverhalten, die Anwendung und den Transfer des Gelernten sowie das Behalten von Wissen über einen gewissen Zeitraum umfasst.

Aufgrund dieser Problematik soll sich dem Begriff „Lernerfolg" im Hinblick auf die Zielsetzung dieser Arbeit nach ROLFF pragmatisch genähert werden und „nur solche Elemente von Lernerfolg ins Auge gefasst werden, die sich messen [...] lassen"[37]. Unter Berücksichtigung dieser Forderung werden zum Nachweis des Lernerfolgs ausschließlich kognitive Lernziele herangezogen, da sich diese operationalisieren und so in einer die Unterrichtsreihe abschließenden schriftlichen Lernzielkontrolle überprüfen lassen (vgl. Kap 5.7). Von den geographischen Fachkompetenzen wird also lediglich die Sachkompetenz gemessen und überprüft.

Der Anspruch der Vergleichbarkeit der Untersuchungsergebnisse bringt hingegen die Einschränkung des Begriffs „Lernerfolg" hauptsächlich im Sinne des Anforde-

---

[32] Vgl. TREPEL 1999, S. 198
[33] Vgl. KANDEL, SQUIRE 1999, S. 29
[34] Bei dem vierten Prozess handelt es sich um das *Vergessen*, als dem Zerfall von Gedächtnisspuren oder Interferenzen durch konkurrierende Informationen
[35] Vgl. MAGER 1970, KLAUSMEIER/RIPPLE 1971, MEYER 1987, u. a.
[36] ZIMBARDO zitiert in HAUBRICH 1997, S. 56
[37] ROLFF 2004, S. 7

rungsbereichs I der AV Prüfungen[38] („Wiedergabe von Sachverhalten") mit sich. Es wird auch die Vergleichbarkeit des Anforderungsbereiches II, der nach den AV Prüfungen das „Auswählen, Anordnen, Verarbeiten und Darstellen bekannter Sachverhalte"[39] umfasst, über ausgewählte Aufgabentypen angestrebt (vgl. Kap. 5.7).

Demzufolge ist „Lernerfolg" in der vorliegenden Arbeit mit einem *kognitiven Erkenntniszuwachs* gleichzusetzen, der sich in einem *Verstehen, Behalten und Reproduzieren,* sowie im *selbstständigen Anordnen und Auswählen des vermittelten Unterrichtsstoffes über einen gewissen Zeitraum* äußert.

Im Hinblick auf die Festigung soll wiederum in einen kurz- (kognitive Leistung unmittelbar nach der Unterrichtsreihe) und einen mittelfristigen Lernerfolg (kognitive Leistung drei Wochen nach der Unterrichtsreihe) unterschieden werden.[40]

2.2.2 Messung

Um die Eignung von Animationen zur Festigung gegenüber anderen[41] Medien zu prüfen, sollen die Lernerfolge, die mit dem Einsatz von Animationen und jene, die ohne deren Einsatz erreicht werden, gemessen und miteinander verglichen werden. Durch diesen vergleichenden Ansatz, wird hier demnach von einer Verbesserung des Lernerfolgs gesprochen.

Ebenso wie der Lernerfolg selbst wird auch dessen Verbesserung im Zusammenhang mit dem Einsatz von Methoden oder Medien häufiger selbstverständlich angeführt als untersucht oder eindeutig definiert.[42]

Basierend auf der Definition von Lernerfolg im vorangegangenen Kapitel soll in dieser Arbeit unter der Verbesserung des Lernerfolgs also eine Steigerung des kognitiven Erkenntniszuwachses verstanden werden. Diese Veränderung ergibt sich somit aus der Differenz des Lernerfolgs mit Animationseinsatz (A_{mit}) sowie des Lernerfolgs ohne Animationseinsatz (A_{ohne}) und kann wie folgt dargestellt werden:

$$\text{Verbesserung des Lernerfolgs } V_{LE} = A_{mit} - A_{ohne}.$$ [43]

[38] Vgl. SENATSVERWALTUNG FÜR BILDUNG, JUGEND UND SPORT 2006[1], Kapitel II, Abschnitt 3, Absatz (1) a)
[39] Vgl. SENATSVERWALTUNG FÜR BILDUNG, JUGEND UND SPORT 2006[1], Kapitel II, Abschnitt 3, Absatz (1) b)
[40] Eine Überprüfung des langfristigen Lernerfolgs kann im Rahmen dieser Arbeit aufgrund der zeitlichen Begrenzung der Unterrichtsreihe nicht geleistet werden.
[41] Traditionellen, vgl. Kapitel 5.6
[42] Vgl. MAGER 1970, MEYER 1987 u. a.
[43] Angegeben in Durchschnittsnoten, vgl. Kap. 7

3 Unterrichtsvoraussetzungen

In diesem Kapitel erfolgt die Darstellung der die Unterrichtsreihe begleitenden Bedingungen. Auf die sich daraus ergebenden Konsequenzen für das Unterrichtsvorhaben wird an geeigneten Stellen eingegangen.

3.1 Allgemeine Voraussetzungen

Ich unterrichte die Klasse 8x seit Anfang Februar 2006 in Erdkunde selbstständig. Der Unterricht erfolgt in diesem Schuljahr einstündig und in Teilung.[44]/[45]

Die Klasse besteht aus 31 Schülern, 16 Mädchen und 15 Jungen, im Alter zwischen 13 und 15 Jahren.

In der Regel herrscht in der Klasse eine eher unruhige und unkonzentrierte Arbeitsatmosphäre. Die Schüler Xxxxx, Xxxxx und Xxxxx haben besonders große Schwierigkeiten für mehr als drei Minuten still zu sitzen und konzentriert an einer Sache zu arbeiten. Das wirkt sich in Störungen ihres gesamten Umfeldes sowie permanenten Unruhen in der Klasse aus. Xxxxx und Xxxxx sind sich dieses Problems bewusst und versuchen bereits, selbstständig an ihrer Konzentration zu arbeiten, es genügt meist sie durch Blickkontakt daran zu erinnern. Bei Xxxxx hingegen ist noch keine Einsicht zu finden, er weist die Schuld meist von sich und schiebt diese auf seine Mitschüler.[46]

Auffallend ist, dass das Arbeitstempo in den Erarbeitungsphasen, insbesondere bei Textarbeit, häufig sehr langsam ist, da die Schüler ungern lesen und vollständige Sätze zur Beantwortung von Arbeitsaufträgen notieren. Außerdem hatten die Schüler im vorangegangenen Unterricht zum Teil Probleme mit dem Textverständnis sobald gebräuchliche, auch nicht fachspezifische Fremdwörter verwendet wurden. Festzustellen ist, dass diese Probleme nicht nur bei den Schülern mit Migrationshintergrund, die mit zehn Schülern etwa ein Drittel der Klasse ausmachen, auftreten, sondern auch bei einigen deutschen. Aus diesem Grund liegt bei der Arbeit mit Texten mindestens ein Duden bereit.

Insgesamt handelt es sich um eine leistungsschwächere Klasse[47] mit einer geringen Heterogenität im Leistungsniveau. Die mündliche Mitarbeit ist allerdings recht hoch. Dennoch achte ich bei Gruppen- und Partnerarbeit auf eine größtmögliche leistungsheterogene Zusammensetzung.

In der vorangegangenen Unterrichtsreihe zum Themenbereich „Erdbeben und Vulkanismus“ zeigte sich bei der Lerngruppe eine schwache Abstraktionsfähigkeit. Zu deren Verbesserung bieten sich Animationen an, da sie aufgrund ihrer scheinbaren Dreidimensionalität eine sukzessive Steigerung dieser Fähigkeit ermöglichen.

---

[44] In Klassenstufe 7 erfolgte der Unterricht noch zweistündig pro Woche, ohne Teilung.
[45] Die Teilung erfolgte nach dem Alphabet, wobei in der ersten Gruppe 16 und in der zweiten 15 Schüler sind.
[46] Zum Umgang mit diesen Faktoren vgl. Kapitel 5.5

Die Schüler sind im Allgemeinen nach eigenen Aussagen am Fach Erdkunde interessiert, jedoch beschränkt sich Ihr Engagement für das Fach, wie sich auch durch mündliche Schülerbefragungen bestätigte, auf die eine Unterrichtsstunde pro Woche.

Das Verhältnis zwischen Schülern und Lehrperson ist als gut bis sehr gut zu bewerten. Vertrauen und Sympathie finden sich auf beiden Seiten wieder, was das Arbeitsklima eindeutig positiv beeinflusst. Das Verhältnis der Schüler untereinander zeichnet sich durch Akzeptanz und Toleranz aus. Obwohl es durchaus zu Gruppenbildungen innerhalb der Klasse und auch im privaten Bereich kommt, so hat dies jedoch keine Auswirkungen auf den Unterricht, da die Schüler sich insgesamt untereinander gut verstehen.

Ein von mir durchgeführter Lerntypentest nach VESTER[48]/[49] ergab, dass bis auf zwei Schüler alle über den visuellen Eingangskanal am besten lernen. Die beiden Ausnahmen lernten mehr Begriffe über den auditiven Kanal, wobei die Differenz zum visuellen bei beiden nur weils ein Begriff war. Einen Überblick über die Gesamtverteilung der gelernten Begriffe, differenziert nach dem Eingangskanal, gibt das Diagramm in Abbildung 1.

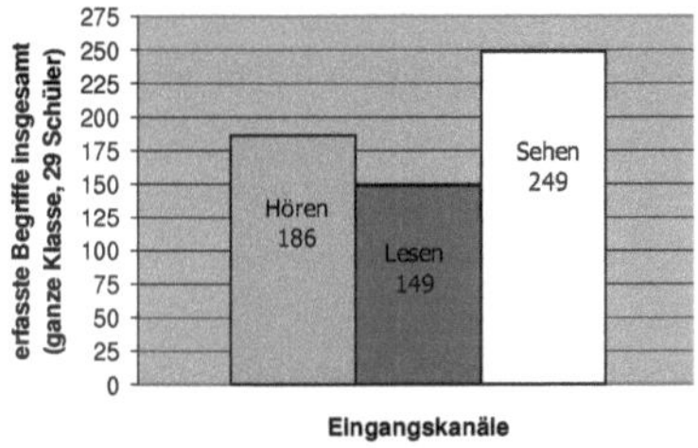

Abb. 1: Auswertung des Lerntypentests der Klasse 8x des Albert Einstein-Gymnasiums, Berlin

Diese Abbildung zeigt deutlich die Überlegenheit der auditiv-visuellen Rezeption in der Klasse gegenüber der textlichen. (vgl. Kap. 5.2.2)

3.2 Spezielle Voraussetzungen

Die Unterrichtsreihe zum Thema „Überschwemmungen“ bildet die zweite zum übergeordneten Thema „Asien – Leben mit Naturgefahren“. Die vorangegangene Unterrichtsreihe behandelte den Themenbereich „Erdbeben und Vulkanismus“ im Zusammenhang mit Inhalten zur Plattentektonik, so dass die Schüler in diesem Bereich Vorkenntnisse besitzen.

Nach Aussagen der Schüler hatten sie vorher noch in keinem Fach Erfahrungen mit Animationen im Unterricht gemacht, meine Kollegen bestätigten dies.

Die methodische Kompetenz im Umgang mit Computern dürfte durch private Vorerfahrungen recht heterogen sein. Da die Klasse aber seit Beginn dieses Schuljahres parallel zum Erdkundeunterricht[50] ITG als Schulfach hinzu bekam, haben

[47] Dies kann ich nach Befragung meiner Kollegen dieser Klasse für alle Unterrichtsfächer feststellen.
[48] Vgl. VESTER 1999, S. 153 ff.
[49] Auf das Testen des taktilen und olfaktorischen Eingangskanals wurde hier aus Gründen der Schwerpunktrelevanz und des Zeitmangels verzichtet.
[50] Also auch einstündig und in Teilung

alle Schüler bis zum Beginn des Unterrichtsvorhabens dieser Arbeit, bereits grundlegende Kenntnisse über Informationsbeschaffung aus dem Internet und in diesem Zusammenhang auch Kenntnisse über den Aufbau eines Browser-Fensters sowie Grundlagen zur Menüführung in Windows[51] erworben.
Ein Teil der Lerngruppe hat erst in Klasse 7 mit Englisch als zweiter Fremdsprache begonnen, was im Hinblick auf Begriffe, die in einigen Animationen Verwendung finden, von Bedeutung ist.[52]

3.3 Situative Voraussetzungen

Die sehr verallgemeinernde Aussage von PÜTZ und REUBER, dass man „mit dem Internet die Schüler dort abholt, wo sich viele von ihnen bereits tagtäglich aufhalten“[53], galt es als eine wichtige Unterrichtsvoraussetzung zu klären.
Um die Möglichkeiten der Wiederholung im Sinne der Festigung für alle Schüler einschätzen zu können, müssen beim Computereinsatz im Unterricht die technischen Voraussetzungen sowohl in der Schule als auch zu Hause ermittelt werden.[54] Hier sind insbesondere das Vorhandensein eines Computers mit Internetanschluss und einer entsprechende Software, die für die Betrachtung von Animationen aus dem Internet benötigt wird, von Interesse. Zum Zwecke der Bestimmung der häuslichen Ausstattung führte ich eine Befragung der Eltern[55] durch, die ergab, dass für alle Schüler zu Hause oder bei Verwandten/Bekannten ein Computer mit Internetanschluss zur Verfügung steht, den sie für die Erledigung von Hausaufgaben benutzen dürfen.
Das Albert-Einstein-Gymnasium selbst verfügt über drei Computerfachräume, die hauptsächlich dem Informatik- und ITG-Unterricht vorbehalten sind, aber auch genügend Kapazität für andere Fächer bereit stellen, um fächerübergreifende Methodenkompetenz schulen zu können. Einer dieser Computerfachräume stand mir für die gesamte Unterrichtsreihe zur Verfügung. Der Raum besteht eigentlich aus zwei halben Räumen, die über eine Tür in Verbindung stehen. Der eine Teil besitzt 15 Computerplätze mit Internetanschluss, wobei einer mit einem Beamer verbunden und der Lehrperson vorbehalten ist und einem, auf dem ein von Windows deutlich abweichendes[56] Betriebssystem vorhanden ist. Diese beiden Rechner stehen auf zwei sich zentral im Raum befindlichen Tischen und stehen den Schülern nicht zur Verfügung. Die übrigen 13 Computer sind U-förmig an der hinteren und den zwei seitlichen Raumwänden aufgebaut. Jeder Computer ist mit der üblichen und für die Unterrichtsabsicht notwendigen Software ausgestattet. Des Weiteren gibt es ein Whiteboard an der vorderen Wand, das mit 1,5 x 2,5 m

[51] Symbolleisten, Anlegen von Ordnern, Abspeichern von Informationen
[52] Zum Umgang hierzu konkret vgl. Kap. 6
[53] Vgl. PÜTZ, REUBER 2001, S. 4
[54] Vgl. GSCHNAIDER 2004, S.145
[55] Über einen Fragebogen, vgl. Anhang 3
[56] Bezogen auf die Bedieneroberfläche

jedoch nicht viel Schreibfläche bietet. In dem anderen Teil des Raumes stehen normale Schultische, die Platz für maximal 20 Personen bieten. Hier befindet sich seitlich ein Computer mit Internetanschluss, der mit einem Beamer und einem SMART Board verbunden ist. Auch in diesem Raum steht ein Whiteboard zur Verfügung.

4 Formulierung von Leitfragen

Aus der vergleichenden Überlegung der theoretischen Grundlagen (vgl. Kap. 2) und der Unterrichtsvoraussetzungen (vgl. Kap. 3) lassen sich folgende Leitfragen ableiten, deren Beantwortung das Ziel dieser Arbeit ist:

- Führt der Einsatz von Animationen zu einer Verbesserung des kurzfristigen Lernerfolgs geografischer Fachkenntnisse?
- Führt der Einsatz von Animationen zu einer Verbesserung des mittelfristigen Lernerfolgs geografischer Fachkenntnisse?
- Welchen Einfluss hat die mit Animationen einhergehende Motivation auf die Verbesserung des Lernerfolgs?

5 Planung des Unterrichtsvorhabens

Ausgehend von den Rahmenbedingungen (vgl. Kap. 2 und 3) wurde eine Unterrichtsreihe zum Themenbereich „Asien – Extreme des Naturraums“ entwickelt, die die Untersuchung der Festigung über die Verbesserung des Lernerfolgs durch den Animationseinsatz zum Ziel hat.

5.1 Bezug zu den curricularen Vorgaben

Für eine 8. Klasse im Fach Erdkunde in Berlin sieht der Rahmenlehrplan[57] aufgrund seiner kürzlichen Änderung für das Schuljahr 2006/2007 eine Übergangsregelung vor. Als ein Themenfeld wird hier „Asien“ mit dem Schwerpunkt „Leben mit Naturkatastrophen“[58] genannt. Da es in der Übergangsregelung keine weiteren Ausführungen gibt, hat die Erdkunde-Fachkonferenz des Albert-Einstein-Gymnasiums beschlossen, dass hierfür die Kompetenzbezüge, Themen und Inhalte des Themenfeldes 2 des neuen RLP „Asien – Extreme des Naturraums – 7/8“[59] herangezogen werden. Dort werden die Teilaspekte „Leben mit Naturkatastrophen“, „unterschiedliche Ursachen von Überschwemmungen“, „Monsun“ und „Tsunamis“ explizit genannt, womit der inhaltliche Schwerpunkt dieser Arbeit durch die curricularen Vorgaben gedeckt ist.

Die Animationen als medialer Schwerpunkt dieser Arbeit sind durch den Beitrag des Geografieunterrichts zum Kompetenzerwerb begründet. Dort heißt es, dass „das Fach Geografie [...] einen wichtigen Beitrag zur nötigen Medienkompetenz in

---

[57] Nachfolgend RLP abgekürzt

[58] Vgl. Senatsverwaltung für Bildung, Jugend und Sport 2006², Innenseite des Rückumschlags

der Informationsgesellschaft durch die Entwicklung der Fähigkeiten zum sachgerechten und kritischen Umgang mit [...] neuen Informations- und Kommunikationstechnologien"[60] leistet. Hier lassen sich die Animationen einordnen, auch im Hinb-Hinblick auf deren Verfügbarkeit im Internet.
Des Weiteren wird als ein Abschlussstandard der Doppeljahrgangsstufe 7/8 das Gewinnen, Bearbeiten und Bewerten geografischer Informationen benannt. Hierzu sollen die Schüler „zielgerichtet und sachgerecht [...] multimediale Quellen (Internet, Software) [...]"[61] nutzen.

5.2 Begründung der Themenwahl

Dieses Kapitel dient der Darstellung der didaktischen Überlegungen, die mich dazu veranlassten, die Festigung[62] im Erdkundeunterricht durch den Einsatz von Animationen (medialer Schwerpunkt) in einer Unterrichtsreihe des Themenbereichs „Asien – Extreme des Naturraums" (inhaltlicher Schwerpunkt) zu untersuchen. Um Wiederholungen zu vermeiden, beschränke ich mich dabei auf Aspekte, die nicht bereits in den vorangegangenen Kapiteln (vgl. Kap. 2 und 3) genannt wurden.

5.2.1 Didaktische Begründung des inhaltlichen Schwerpunktes

Die curricularen Vorgaben schreiben für die 8. Klasse sowohl anthropo- als auch physiogeografische Themen vor. Letztere besitzen einen hohen Eignungsgrad für den Einsatz von Animationen. Dies gilt zunächst aus bereits genannten Gründen (vgl. Kap. 2.1.3) und durch die Tatsache, dass im Internet immer mehr Animationen zu diesen Themen, insbesondere zu den Naturkatastrophen, zu finden sind. Aufgrund der zahlreichen Animationen für diese Themen im Internet, kann ich hier eine der Zielsetzung der Arbeit (vgl. Kap. 4 und Kap. 2.1.2) angepasste Auswahl treffen. Der Vergleich der Animationen zu den beiden großen Überschwemmungsursachen in dieser Reihe, „Monsun" und „Tsunami", erlaubt es, gezielt für einen dieser Aspekte, geeignete Animationen für den Unterricht auszuwählen und genau die Inhalte dieses Aspektes *mit* der Unterstützung von Animationen zu vermitteln. Wohingegen der andere Aspekt dann als vergleichender, bei dem die Inhalte *ohne* Animationseinsatz vermittelt werden sollen, zur Ermittlung der Verbesserung des Lernerfolgs heran gezogen wird (vgl. Kap.2.2.2 und 5.5).
Ferner ist diese Entscheidung der Zielsetzung geschuldet, die Befähigung mit dem Umgang dieser Art von Informationsdarbietung zu erlangen. Den Schülern muss gezeigt werden, wie man fachgerecht mit diesen Medien umgeht und sich auch

[59] Vgl. Senatsverwaltung für Bildung, Jugend und Sport 2006^{2}, S. 20
[60] Vgl. Senatsverwaltung für Bildung, Jugend und Sport 2006^{2}, S. 10
[61] Vgl. Senatsverwaltung für Bildung, Jugend und Sport 2006^{2}, S. 14
[62] Gemessen am Lernerfolg

intensiver damit beschäftigen sollte,[63] denn häufig werden Animationen zu schnell und oberflächlich durch meist nur einen einzigen Durchlauf betrachtet.
Erst dann sind die Schüler in der Lage, sich kritisch mit wissenschaftlichen Erkenntnissen und Theorien zu Ursachen und Folgen verschiedener Themen auseinander zu setzen. Aus den im Rahmen des Themenfeldes „Asien – Extreme des Naturraums" zu behandelnden Lerninhalten sind die Themen „Plattentektonik: Erdbeben, Vulkanismus" bereits aus der vorangegangenen Unterrichtseinheit bekannt (vgl. Kap. 3.2), deshalb beschränke ich mich hier auf die Aspekte „Monsun", „Überschwemmungen", und „Leben mit Naturkatastrophen".[64]
Ebenso ergibt sich die Auswahl der Aspekte daraus, dass keiner der Schüler zu diesen Themen über Kenntnisse verfügt, die über den Unterricht vorangegangener Klassenstufen hinausgehen.[65] Dadurch kann die zu ermittelnde Lernerfolgsverbesserung der Schüler uneingeschränkt auf den Unterricht der Unterrichtsreihe zurückgeführt werden.
Der Themenbereich „Asien – Extreme des Naturraums" steht exemplarisch für Extreme des Naturraums weltweit. Insbesondere mit dem Auftreten von Naturkatastrophen, wie z. B. dem Tsunami in Südostasien am 26.12.2004, rückt die Thematik nicht nur in den Blickpunkt der Wissenschaften, sondern in den Fokus der Bevölkerung und somit auch in den der Schüler. Es ist notwendig, ihnen grundlegende Kenntnisse zu vermitteln, die sie für derartige Phänomene sensibilisieren und zugleich kritikfähig machen. Denn gerade heute, wo solche auffälligen Naturereignisse in der breiten Öffentlichkeit große Beachtung finden, auch im Hinblick auf Frühwarnung, Schutz- und Hilfsmaßnahmen, sollen die Schüler durch selbstständige Aneignung von Basiskenntnissen befähigt werden, öffentlichen Diskussionen folgen zu können und ihre eigene Meinung begründet darzulegen.

5.2.2 Didaktische Begründung des medialen Schwerpunktes

Abgesehen von den bereits genannten Gründen für den medialen Schwerpunkt dieser Arbeit (vgl. Kap. 2.1.4 und 2.1.3) ergeben sich hinsichtlich der Unterrichtsvoraussetzungen der Lerngruppe (vgl. Kap. 3.1) weitere Gründe. Aufgrund der Schwierigkeiten beim Textverständnis und des sich bei physiogeografischen Themen gezeigten geringen Abstraktionsvermögens, erscheint der Animationseinsatz ein geeignetes Verfahren zur Wissensvermittlung für diese Lerngruppe zu sein. Dabei kann wahrscheinlich auch Motivation und eine damit einhergehende Lernerfolgssteigerung erzielt werden, da dieses Medium als ein seltenes gilt und Seltenes bekanntlich die Neugier weckt und somit die Motivation steigert. Verstärkend kommt hinzu, dass die mit dem Einsatz von Animationen verbundene Verschriftli-

---

[63] Im Sinne von „genauer hinsehen"
[64] vgl. SENATSVERWALTUNG FÜR BILDUNG, JUGEND UND SPORT 2006², S. 20
[65] Dieses Ergebnis ergab eine mündliche Schülerbefragung vor Beginn des Unterrichtsvorhabens.

chung der Ergebnisse die Aufmerksamkeit der Schüler von der ungeliebten schriftlichen Ausformulierung von Erkenntnissen ablenkt, ohne sie ihnen abzunehmen.

5.3 Richtziele und Kompetenzen der Unterrichtsreihe

Bei den aufgeführten Lernzielen handelt es sich nach MÖLLER (1975) um Richtziele[66], die in einem so genannten horizontalen Klassifikationsschema[67] getrennt nach Lernzieldimensionen dargestellt werden.

Kognitive Richtziele (KRZ) / Förderung der Fachkompetenz

Die Schüler ...

KRZ1 ... kennen unterschiedliche Arten von Überschwemmungen und deren Entstehungsprozesse.

KRZ2 ... vergleichen die verschiedenen Ursachen von Überschwemmungen.

KRZ3... können die Auswirkungen der Überschwemmungen auf das Leben der Menschen ableiten und beurteilen deren Tragweite.

KRZ4 ... können aufgrund ihrer erworbenen Kenntnisse mögliche Schutzmaßnahmen für die Bevölkerung begründet darlegen.

Affektive Richtziele (ARZ) / Förderung der Personalkompetenz

Die Schüler ...

ARZ1 ... werden auf die verheerenden Auswirkungen von Überschwemmungen aufmerksam.

ARZ2 ... werden für andere Lebenssituationen sensibilisiert.

ARZ3 ... reagieren positiv auf Animationen als neue Form der Gegenstandsdarbietung.

ARZ4 ... sind bereit, sich auch zu Hause mit den Animationen eingehender zu beschäftigen.

Instrumentelle Richtziele (IRZ) / Förderung der Methodenkompetenz

Die Schüler ...

IRZ1 ... können sich aus Texten bzw. Animationen die notwendigen Informationen zur Erklärung von verschiedenen Überschwemmungsursachen erschließen.

IRZ2 ... festigen ihre Fähigkeiten zum naturwissenschaftlichen Erkenntnisgang, indem sie Probleme erkennen, dazugehörige Fragestellungen formulieren und Vermutungen zu deren Beantwortung verbalisieren.

IRZ3 ... können sicher am PC mit Animationen umgehen und diese für fachliche Fragestellungen nutzen.

IRZ4 ... sind in der Lage, die aus Animationen gewonnenen Erkenntnisse auszuwerten und auf weitere Fragestellungen anzuwenden.

---

[66] Zitiert in MEYER 1979, S. 48f. und HAUBRICH 1997, S. 44. Richtziele sind durch einen sehr geringen Grad an Präzision sowie unspezifische Formulierungen gekennzeichnet, so dass der Indikator entfällt.
[67] Vgl. HAUBRICH 1997, S. 44

Soziale Richtziele (SRZ) / Förderung der Sozialkompetenz

Die Schüler ...

SRZ1... festigen durch Gruppen- und Partnerarbeit ihre Kommunikations- und Kooperationsfähigkeit.

SRZ2 ... erweitern durch die Zusammenarbeit mit einem Partner oder in Kleingruppen und die dabei erforderliche Absprache bezüglich des angestrebten Arbeitsergebnisses ihre Fähigkeit zur Teamarbeit.

SRZ3 ... üben sich in gegenseitiger Hilfe.

SRZ4 ... werden durch gegenseitige, angemessene Bewertung ihrer Aussagen im Unterricht in ihrer Kritik- und Selbstkritikfähigkeit gefördert.

5.4 Sachdarstellung[68] und didaktische Reduktion

In diesem Kapitel erfolgt zunächst eine Sachgegenstandsbeschreibung und im Anschluss die didaktische Reduktion des Sachgegenstandes für diese Unterrichtsreihe.

Sachgegenstandsbeschreibung

Tsunamis sind extrem hohe energiereiche Wellen, die durch natürliche Vorgänge ausgelöst werden. Die weit verbreitete Bezeichnung „Flutwelle" ist irreführend, weil Tsunamis nichts mit Gezeiten zu tun haben.

Starke *Seebeben, Vulkanausbrüche, Rutschen großer Erdmassen* oder *Meteoriteneinschläge* können Tsunamis nach sich ziehen, wenn sich dabei eine entsprechend große Wassermenge mit einem Mal verdrängen lässt. Während sich die Ursachen unterscheiden, sind die weiteren Abläufe eines Tsunami immer gleich: Aufgrund komplizierter Vorgänge werden große Wassermengen des angrenzenden Ozeans nach oben gedrückt und/oder weg geschoben, was zur Bildung einer langperiodischen Wasserwelle führt. Bei einem Tsunami bewegt sich das gesamte Wasservolumen, also die gesamte Wassersäule vom Meeresboden bis zur Meeresoberfläche. Somit hat die Wassertiefe große Auswirkungen auf die Gestalt der Welle: Die *Geschwindigkeit*, mit der sich Tsunamis ausbreiten, erreicht in tiefen Ozeanen über 800 km/h und beträgt durch die verstärkte Reibung im flachen Wasser nur noch etwa 30 bis 50 km/h. Die Abstände zwischen den Wellenbergen, die *Wellenlängen*, betragen auf tiefer offener See einige hundert Kilometer und verkürzen sich durch die Änderung der Geschwindigkeiten in Flachwasserbereichen bis auf etwa 10 km. Die Wellenberge folgen so in Abständen von etwa 10 Minuten bis zu über einer Stunde aufeinander. Die *Wellenhöhen* sind auf tiefer offener See gering, meist zwischen 30 bis 80 cm und ungefährlich. Bei Annäherung an die Küste, vor allem in flachen Buchten, können sich die Wassermassen

[68] Eine detaillierte Darstellung des kompletten Themenbereichs kann im Rahmen dieser Arbeit nicht geleistet werden, so dass sich die folgende Sachdarstellung ausschließlich auf die Inhalte der Unterrichtsreihe beschränkt. Die Fachinhalte wurden folgender Literatur entnommen: WEISCHET 1995, LAUER/BENDIX 2004, LESER 1997, PRESS, SIEVER 1995.

in Extremfällen mehr als 30 m hoch auftürmen, flaches Land hinter der Küste bis zu mehreren Kilometer landeinwärts überfluten und verheerende Verwüstungen anrichten. Dieses Auftürmen ist ein Effekt der Wellenstauchung, bedingt durch Geschwindigkeitsabnahme und verkürzte Wellenabstände.
Da Tsunamis so erhebliche Schäden verursachen, hat man Programme entwickelt, um die Schäden zu begrenzen. Das „Pacific Tsunami Warning Center" lokalisiert sehr rasch Seebeben, schätzt ihr Potential für das Auslösen eines Tsunami ab und warnt umgehend potentiell gefährdete Länder. Dadurch kann mehrere Stunden vor dem Eintreffen des Tsunami eine Warnung herausgegeben werden, so dass genügend Zeit bleibt, um die Bevölkerung aus den Küstengebieten zu evakuieren. Eine schwierigere Situation ergibt sich, wenn ein Beben in unmittelbarer Nähe der Küste einen Tsunami auslöst, der die in der Umgebung liegenden Siedlungen so schnell erreicht, dass nicht genug Zeit bleibt, um die Bevölkerung zu warnen.
Tsunamis treten verstärkt in der Nähe der Ränder tektonischer Platten auf. Hier bebt die Erde häufiger als an anderen Stellen: Der Sunda-Graben vor der Westküste Sumatras ist Teil eines mehrere tausend Kilometer langen Risses in der Erdoberfläche. Er ist durch Verschiebung zweier Erdplatten entstanden: Die Australische und die Indische Platte schieben sich hier langsam unter die Birma-Mikroplatte. Hier verhaken und verkeilen sie sich ständig und bauen dabei hohe Spannungen auf, die sich in starken Beben unter Wasser lösen. Beim Beben am *26. Dezember 2004* vor Sumatra gehen Forscher davon aus, dass die Indische Platte auf einer Länge von rund 1300 Kilometern mit einem Mal um 20 Meter weggesackt ist. Die darüber liegende Birma-Platte wurde gleichzeitig um fünf Meter angehoben. Hier entlud sich die lang aufgestaute Spannung in einem der stärksten Beben, das jemals gemessen wurde. Mit einer Stärke von 9,0 auf der Richter-Skala entspricht die freigesetzte Energie der Sprengkraft von mehr als 32.000 Atombomben.
Inseln verschoben sich in wenigen Sekunden um ganze Meter, rund sieben Minuten dauerten die Beben an. Das Heben und Senken des Meeresbodens löste vier große Wellen aus, die sich in alle Himmelsrichtungen mit einer Geschwindigkeit von bis zu 700 Kilometer pro Stunde ausbreiteten. Vor allem die Richtung Osten und Westen ziehenden Wellen richteten später große Verwüstungen an, töteten 300.000 Menschen und hinterließen Schäden in Milliardenhöhe. Dreieinhalb Stunden nach dem Seebeben traf der Tsunami auf die Malediven, die komplett überspült wurden. Doch *Korallenriffe und Mangrovenwälder* fingen die Wucht der Welle ab. Eine gefährliche Sogwirkung wie an anderen Orten entstand nicht, da die steil ins Meer abfallende *Küstenform* dieser Inselgruppe dies nicht zuließ.

Das indische <u>Monsun</u>-Phänomen gründet auf dem jahreszeitlichen Wechsel der Hauptwindrichtungen, (vereinfacht ausgedrückt), bedingt durch die unter-

schiedliche Land-Meer-Verteilung. Im Winter bestimmt das Kältehoch über Sibirien die vorherrschenden Strömungen im gesamten ost- und südasiatischen Bereich, einschließlich der Inseln. Der *Wintermonsun* ist mit dem Nordost-Passat identisch und liefert kalte, trockene Luftmassen. Er setzt im September/Oktober ein und hält bis Juni/Juli an, wobei man diesen Zeitraum aufgrund der vergleichsweise sehr geringen Niederschlagsmenge auch als Trockenzeit bezeichnet. Diese können sich in Jahren mit einem schwachen Monsun zu einer Dürre ausweiten und führten in der Vergangenheit oft zu Ernteausfällen und großen Hungersnöten. Besonders drastisch zeigen sich diese Effekte bei einer unzureichenden Vorsorge in Form von Nahrungsmittel- und Wasserreserven.
Im Sommer dagegen baut sich über dem asiatischen Kontinent ein Hitzetief auf, so dass die Randmeere im Wesentlichen feuchte Luftmassen in das Innere des Kontinents transportieren. Der *Sommermonsun* setzt im Juni/Juli von Südwesten her ein und hält bis September/Oktober an, er wird auch als Regenzeit bezeichnet. Seine starken Regenfälle führen zu Problemen. Die durch den Monsunregen bedingten Überschwemmungen führen immer wieder zu humanitären Notsituationen. Bei einer Bodennutzung, welche der Bodenerosion nicht entgegen wirkt, kann auch der Mutterboden leicht abgetragen werden, was letztendlich zur Degradation des Bodens führt, vielerorts eine landwirtschaftliche Nutzung unmöglich macht und im Extremfall in einer Desertifikation münden kann.
Ohne die Monsunwinde und deren Niederschläge könnte die Landwirtschaft keinesfalls intensiv betrieben werden.

<u>Überschwemmungen</u> gehören zu den häufigsten und teuersten Naturkatastrophen auf der Erde. Schuld daran ist vielfach der Mensch und seine Eingriffe in die Natur. Besonders in den <u>Gebirgsregionen</u> der ärmeren Länder, wo durch Subsistenzwirtschaft zur Energieversorgung durch Holzabschlag stark in den Naturhaushalt eingegriffen wird. Die *Abholzung* der Wälder und die Verhinderung eines nachwachsenden Waldes durch *Viehtrieb*, setzt die natürliche Speicherfähigkeit des Bodens bei Starkregen erheblich herab. *Bodenerosion* und Hangrutschungen sind die Folge. Die Pegelstände in den Flüssen erreichen blitzartig Höchstmarken und deren Aufnahmefähigkeit wird überschritten.
Durch die stark *wachsende Bevölkerung* besonders auf dem asiatischen Kontinent, werden besonders die fruchtbaren Regionen um Flussläufe herum zunehmend stark besiedelt. Durch diese *starke Besiedlung* der flussnahen Gebiete sind zwangsläufig auch immer mehr Menschen von einer möglichen Hochwasser- oder Überschwemmungskatastrophe betroffen, die Personen- und Sachschäden steigen lassen.

Hochwasserschutz ist darüber hinaus vor allem in Gebirgen für die arme Landbevölkerung nur schwer realisierbar und kann zunächst nur durch Schonung der Gebirgswälder erreicht werden.

Didaktische Reduktion

- Damit der Blick für die grundlegenden Prozesse eines Tsunami nicht durch unnötige Zusatzinformationen verloren geht, werden die Vorgänge nur an einem konkreten Beispiel erarbeitet, dem Tsunami vom 26.12.2004. Dieser ist den Schülern noch gut im Gedächtnis, zwei Schüler waren sogar ein Jahr zuvor in Indonesien. Auf weitere verheerende Tsunami-Ereignisse wird verzichtet, auch wenn diese im Pazifik viel häufiger auftreten oder in der Vergangenheit stärkere Auswirkungen hatten (z.B. nach dem Ausbruch des Krakatau).
- Bei der Behandlung des Themas *Tsunami* muss der Grad der Komplexität für die Altersstufe herab gesetzt werden. Aufgrund der fehlenden mathematischen und physikalischen Kenntnisse zur Beschreibung von Wellen wird auf Aspekte wie Rückstellkraft, Schwerkraft, Schwerewellen, Potentialströmungen und mathematische Formeln verzichtet. Die Beschreibung der Wellengestalt wird auf nur vier Bezüge reduziert: *Geschwindigkeit der Welle, Wellenlänge* und *Wellenabstand* in Bezug zur *Wassertiefe*. Auf eine Definition für *Welle* wird verzichtet, es genügt hier das Wissen um das Aussehen von und die allgemeine Erfahrung mit Wasserwellen.
- Aus demselben Grund wird die Tatsache, dass eine Welle grundsätzlich keine Bewegung von Wasser repräsentiert, sondern Bewegung von Energie durch Wasser, vernachlässigt. Die Schüler lernen aber, dass Tsunamis sehr energiereich sind und dadurch ein hohes Zerstörungspotential besitzen.
- Für den Vergleich der Küstenformen, und deren Auswirkung auf die Zerstörungskraft des Tsunami, finden nur *drei* Formen Beachtung. Hierbei wird eine Küste mit stetig tiefer werdendem Wasser, Kontinentalschelf und -abhang als „*normale Küste*“ bezeichnet, um den Vergleich zu *Flach- und Steilküsten* deutlich zu machen. Das Augenmerk der Schüler wird insbesondere auf die seewärts gerichtete Zone der Küstenlinie gelenkt, da diese für die Ausbildung eines Tsunami eine entscheidende Rolle spielt.
- Die Behandlung des Themas Monsun beschränkt sich auf das Phänomen des Monsuns im Raum des Indischen Ozeans, da der Monsun hier seine stärkste Ausprägung findet und der Bezug zum asiatischen Kontinent hergestellt ist.
- Im Unterricht erfolgt die Wissensvermittlung zur Entstehung von Druckgebieten und deren Einfluss auf Windentstehung und so auch auf den Monsun, auf sehr basaler Ebene: ebenfalls unter Berücksichtigung der fehlenden physikalischen Kenntnisse wird hierbei lediglich auf den Temperatureinfluss Rücksicht genommen (warm = Tiefdruck; kalt = Hochdruck). Auf Begründungen zur Wärme-

speicherkapazität von Wasser und Gestein wird ebenfalls verzichtet, die Schüler erhalten hierbei nur Faktenwissen, keine Begründungen.

- Für die Überschwemmungsursachen und -folgen in Gebirgsflussregionen steht nur eine Unterrichtsstunde zur Verfügung, was mich veranlasst, ein konkretes Beispiel auszuwählen, an dem die Ursachen und Folgen direkt erarbeitet werden können. Die hohe Bevölkerungszahl und Besiedlungsdichte wird ohne Begründung als Fakt vorgegeben. Auf Auswirkungen am Unterlauf der Flüsse und auf jahreszeitliche Wechsel wird kein Bezug genommen.

5.5 Übergeordnete didaktisch-methodische Begründungen

Die Abfolge der ausgewählten Unterrichtsinhalte entspricht derjenigen in der Sachdarstellung (vgl. Kap. 5.4 und 5.6). So werden zunächst die hauptsächlich physisch-geografischen Themen behandelt, nämlich *Tsunami* und *Monsun*[69], und im Anschluss daran ein anthropogeografisches Thema. Innerhalb der Themenkomplexe steigt der Anspruch sukzessive von Stunde zu Stunde. Auch innerhalb jeder einzelnen Stunde sind diese Steigerungen im Niveau vorgesehen. Eine Ausnahme stellt hierbei die 1. Stunde dar, die zunächst die theoretischen Grundlagen legt und damit als Einstieg in die neue Unterrichtsreihe fungiert.

Bezüglich des medialen Schwerpunkts gibt es keinen Wechsel der Stunden,[70] in denen die Animationen Verwendung finden, sondern eine thematisch bedingte Abfolge, in der zunächst die Stunden mit Animationseinsatz (Tsunami) unterrichtet werden, und im Anschluss jene ohne (Monsun und Überschwemmungsursachen in Gebirgsflussregionen) Animationseinsatz.

Auf eine Einführung in das Arbeiten mit dem Computer kann in dieser Lerngruppe aufgrund entsprechender Voraussetzungen verzichtet werden (vgl. Kap. 3.2).

Alle Animationen der Unterrichtsreihe werden, zum Zwecke der größtmöglichen Vergleichbarkeit der Unterrichtsergebnisse, in der Erarbeitungsphase eingesetzt. Weiterhin resultiert hieraus hinsichtlich des Evaluierungsschwerpunkts, der sich durch die gesamte Unterrichtsreihe ziehende Verzicht auf Anwendung, Wiederholung und Transfer[71] des Stoffes aus der jeweils voran gegangenen Stunde im Sinne der Übung, da diese Formen einen positiven Einfluss auf die Behaltensleistung haben,[72] und so nicht von dem Einfluss der Animationen auf die Festigung trennbar wären.

Aus der gleichen Überlegung, aber auch aus der Ungeübtheit der Schüler in dieser Beziehung, resultiert der durchgängige Verzicht auf die selbstständige Suche nach weiteren Informationen im Internet durch die Schüler. Die Gefahr der Ablen-

[69] Bei deren Behandlung finden natürlichen auch die anthropogeografischen Aspekte ihren Platz, stehen jedoch nicht im Mittelpunkt dieser Themenbereiche.
[70] Wie es für die spätere Auswertung aufgrund des zeitlichen Abstandes der Unterrichtsstunden zu der BSL wünschenswert wäre.
[71] Mit Ausnahme des Analogieschlusses
[72] Vgl. HAUBRICH 1997, S. 404f.

kung durch Emailabfragen und Chatrooms wäre insbesonders bei einer offenen Informationssuche im Internet zu groß, so dass ich komplett auf diese Möglichkeit verzichte.

Didaktische Begründung für die Auswahl der Animationen

Die Auswahl der Animationen erfolgt unter den bereits genannten Gesichtspunkten (vgl. Kap. 2.1.1). Im Hinblick auf die fachlichen Anforderungen wird von mir darauf geachtet, dass sich an allen Animationen die gewünschten Erkenntnisse zu dem Thema Tsunami gewinnen lassen, damit nicht im nachhinein Fehlvorstellungen, eventuell durch Textarbeit, beseitigt werden müssen und damit das Ziel des Animationseinsatz verfehlt wäre. Zudem darf die Komplexität der Animationen und insbesondere des dahinter stehenden geografischen Fachwissens die Schüler keinesfalls über-, aber auch nicht unterfordern, um einen motivierenden, an das Vorwissen[73] anknüpfenden Erkenntniszuwachs zu ermöglichen.
Ferner müssen die Animationen derart sein, dass sie im Internet ohne große Schwierigkeiten verfügbar und abrufbar sind, also nicht kostenpflichtig von privaten Anbietern bereitgestellt werden. Hinzu kommt als Auswahlkriterium der zeitliche Rahmen einer Unterrichtsstunde von 45 Minuten. Die Animationen müssen durch eine unkomplizierte Struktur und eine entsprechend leichte Handhabung einen geringen zeitlichen Aufwand aufweisen und dadurch eine sinnvolle Einbettung in eine Unterrichtsstunde mühelos gestatten.
Unter Zugrundelegung dieser Kriterien fällt meine Wahl auf zwei Animationen, die nochmals in kleinere Untereinheiten geteilt sind. Eine ausführlichere Beschreibung erfolgt im Rahmen von Kapitel 6 exemplarisch.

5.6 Übersicht über die Unterrichtsreihe (Synopse)

Siehe 10 Anhang (Seite 50 bis 52)

[73] Erdbeben, Plattentektonik

5.7 Untersuchungsverfahren zur Verbesserung des Lernerfolgs

Aufgrund des Untersuchungsziels der Arbeit ist eine vergleichende Betrachtung des Lernerfolgs beim Einsatz von Animationen und beim traditionellen Unterricht notwendig. Da es mir aus organisatorischen Gründen nicht möglich ist, zwei Lerngruppen zu unterrichten, bildet die Klasse 8b sowohl die Untersuchungs- als auch die Vergleichsgruppe. Hierdurch entfällt u. a. die Berücksichtigung eines differierenden Leistungsniveaus zwischen den Gruppen. Realisiert wird diese Forderung dennoch, indem in der Unterrichtsreihe einige Themen mit und andere ohne Animationseinsatz unterrichtet werden (vgl. Kap. 5.6).

5.7.1 Einschätzung der Verbesserung des Lernerfolgs durch die Schüler

Nach Beendigung der Unterrichtseinheit werden die Schüler aufgefordert, einen Fragebogen[74] auszufüllen. Dieser ist so konzipiert, dass ich u. a. Informationen über eine mögliche Verbesserung des Lernerfolgs allein durch den Einsatz von Animationen aus der Perspektive der Beteiligten erhalte (vgl. Fragen 3, 6 und 7).
Da der Lernerfolg aber von zahlreichen Faktoren beeinflusst wird, ist es unmöglich, dessen Veränderung ausschließlich auf den Animationseinsatz zurückzuführen. Laut einiger Autoren[75] geht eine Lernerfolgssteigerung auch mit einer erhöhten Motivation einher, so dass auch diese sowohl durch direkte als auch durch indirekte Fragen evaluiert wird (vgl. Fragen 2, 4, 5 und 8).
Mit Hilfe der indirekten Fragen werden Fehler durch direkte Beeinflussungen vermieden, da die Schüler so den beabsichtigten Auswertungsschwerpunkt nicht aus den Fragen erschließen können. Der indirekte Fragenkomplex steht daher am Anfang des Fragebogens. Bei den direkten Fragen wird ein so genanntes geschlossenes Verfahren gewählt,[76] in dem die Reaktion der Befragten auf das Ankreuzen einer mehrstufigen Skala eingeschränkt ist. Zur Erreichung einer befriedigenden Reliabilität sollten nach KIRCHER ET AL. dabei mindestens vier Items verwendet werden. Zweifelsohne wäre auch eine größere Anzahl möglich gewesen, doch steht dem entgegen, dass es „bei der Vorgabe von Statements, denen man zustimmen oder die man ablehnen soll, [...] von Vorteil sein [kann], eine gerade Anzahl [...] vorzugeben."[77]. Dadurch fehlt die neutrale Mitte, die von den Befragten häufig verwendet wird, um ihre Haltung nicht preisgeben zu müssen.
Aus dem Vergleich der Antworten des Fragebogens und der Ergebnisse in der Lernzielkontrolle (vgl. Kap. 7.1 und 7.2) soll dann auf den Einfluss der Motivation auf den Lernerfolg beim Animationseinsatz geschlossen werden (vgl. Kap. 7.3).[78]

---

[74] Zusammengestellt nach Informationen aus: KIRCHER ET AL. 2001, HEPP 1999 und http://arbeitsblaetter.stangl-taller.at/FORSCHUNGSMETHODEN/Fragebogen.shtml [12.11.2006]. Ein ausgefüllter, exemplarischer Fragebogen befindet sich im Anhang (vgl. Anhang 1).
[75] Vgl. HAUBRICH 1997, S. 180, KÖCK 1986, S. 242
[76] Vgl. KIRCHER ET AL. 2001, S. 325
[77] Vgl. KIRCHER ET AL. 2001, S. 327
[78] Die durch diese Evaluation auch mögliche Bewertung der Erreichung der affektiven Lernziele bleibt aus, da sie

5.7.2 Feststellung der Verbesserung des Lernerfolgs durch eine schriftliche Lernzielkontrolle

Neben dem Fragebogen wird die Verbesserung des Lernerfolgs durch den Animationseinsatz mit Hilfe einer unangekündigten,[79] benoteten schriftlichen Lernzielkontrolle (BSL) untersucht. Zur Feststellung des kurzfristigen Lernerfolgs wird diediese BSL in der 7. Stunde der Unterrichtsreihe geschrieben (BSL 1). Die gleiche Vorgehensweise drei[80] Wochen später (BSL 2), soll Aufschluss über den mittelfristigen Lernerfolg geben. Da es sich in beiden Fällen um dieselbe BSL handelt, ist die Vergleichbarkeit der Ergebnisse unmittelbar gegeben.

Die BSL besteht aus zwei Aufgaben zu Themen, die ohne Animationseinsatz erarbeitet werden (Aufgabe 3 und 4) und zwei Aufgaben, deren Beantwortung durch Wissen erfolgen muss, das durch Animationseinsatz vermittelt wird (Aufgabe 1 und 2, vgl. Anhang 2).

Aus dem Vergleich der Ergebnisse der Aufgaben ohne und mit Experimenteinsatz (A_{ohne}, A_{mit}) lässt sich die Verbesserung des Lernerfolgs untersuchen (vgl. Kap. 2.2.2).

Die BSL muss in beiden Fällen unangekündigt geschrieben werden, um zu vermeiden, dass die Schüler im Vorfeld lernen und auf diese Weise die von mir gewünschten Ergebnisse verfälscht würden.

Die Lernzielkontrolle wird in dieser Arbeit demnach als Messinstrument für den Lernerfolg verwendet. Ein solches Messinstrument muss nach KIRCHBERG objektiv, reliabel und valide sein.[81]

Dem Kriterium der Objektivität komme ich durch einen von mir im Voraus festgelegten detaillierten Erwartungshorizont nach.

Zur Erfüllung der Reliabilität muss ich mich auf meine Unterrichtspraxis verlassen, dass die gestellten Aufgaben eine ausreichende Trennschärfe aufweisen.

Die strengen Anforderungen an die Validität wissenschaftlicher Untersuchungen kann diese Arbeit nicht erfüllen. Sie soll dennoch einen möglichst fundierten Aufschluss über die erzielte Verbesserung des Lernerfolgs durch den Einsatz von Animationen geben. Nach KIRCHER ET AL. ist es „im kognitiven Bereich [...] am leichtesten [möglich] ein Bewertungsverfahren zu finden, das [...] valide ist."[82] Insbesondere bei der Reproduktion von Wissensinhalten ist eine große Kongruenz zwischen Messabsicht und -ergebnis zu erreichen, so dass die BSL Aufgaben beinhaltet, in denen kognitive Erkenntnisse *reproduziert* werden sollen (Aufgaben 2a und 4b). Dieses Vorgehen hat außerdem den Vorteil, dass ein eindeutiger Vergleich der Ergebnisse untereinander möglich ist, da kein unterschiedlicher Schwie-

---

nicht den Untersuchungsschwerpunkt der Arbeit bildet.

[79] Im Hinblick auf die schulrechtlichen Rahmenbedingungen werden die Schüler über deren Funktion belehrt. Eine Benotung der BSL fand demnach ausschließlich zum Zwecke der Untersuchung statt.

[80] Dieser Zeitraum wird festgelegt, um die BSL 2 nach den Winterferien zu schreiben und so genügend zeitlichen Abstand zur BSL 1 zu erreichen, um den mittelfristigen Lernerfolg zu messen.

[81] Vgl. KIRCHBERG in HAUBRICH 1997, S 300

[82] KIRCHER ET AL., S. 298

rigkeitsgrad des Problemlösens berücksichtigt werden muss. Ich musste daher Aufgabentypen wählen, die den benannten Gütekriterien eines Messinstrumentes am besten gerecht werden. Das „Geben einer freien Antwort" erfüllt diese Anforderungen nach Kircher et al.[83]

Die Aufgaben, in denen die kognitiven Erkenntnisse *angewendet* werden sollen (Aufgaben 1a,b und 4a), sind *Zuordnungs- und Korrekturaufgaben*, da bei diesen Zwischenformen der Aufgabentypen,[84] „vom Schüler recht viel Sachkenntnis und kritische Selbständigkeit verlangt [wird, und diese] zudem auch objektiv auswertbar [sind]",[85] also ist auch hier die Objektivität trotz der Überprüfung des Anforderungsbereiches II gewährleistet. Nach der „Taxonomy of Educational Objectives" von Bloom (1956)[86] beschränken sich die zur Messung des Lernerfolgs herangezogenen kognitiven Lernziele somit auf die Kategorien „Wissen" und „Anwenden"[87].

6 Darstellung und Analyse ausgewählter Teile des Unterrichtsvorhabens

Bezug nehmend auf die in Kapitel 4 formulierten Leitfragen werden hier zwei Unterrichtsstunden einer genaueren Analyse unterzogen. Ich habe dafür exemplarisch zwei Stunden ausgewählt, in denen Animationen zum Einsatz kamen. Ein weiterer Grund für diese Auswahl liegt darin, dass es sich um fachinhaltlich anspruchsvolle Stunden handelt, so dass ich besonders an dem erzielten Lernerfolg interessiert bin.

6.1 Die zweite Unterrichtsstunde[88]

Stundenthema: Wie genau entsteht ein Tsunami?

Lernziele[89]

Feinlernziele

Die Schüler ...

LZ1: ... beschreiben mit Hilfe ihrer Aufzeichnungen der Hausaufgabe, die sie durch Betrachten der Animationen von edumedia erstellen konnten, die drei Phasen eines Tsunami (Beben, Welle, eigentlicher Tsunami), indem sie sich verbal äußern und Folienschnipsel präsentieren. (Fach- und Sozialkompetenz)

LZ2: ... kennzeichnen die zentrale Zielsetzung der Stunde, indem sie den Widerspruch zwischen ihrem Vorwissen und den neu hinzu gewonnen Erkenntnissen

[83] Vgl. Kircher et al., S.306f.
[84] Mischformen aus gebundenen und freien Antworten, nach Kirchberg in Haubrich 1997, S. 312
[85] Kirchberg in Haubrich 1997, S. 312
[86] Zitiert in Kircher et al. 2001, S. 304
[87] Eine Überprüfung von kognitiven Lernzielen höherer Kategorie (Transfer) und damit auch zunehmender Komplexität kann im Rahmen dieser Arbeit nicht geleistet werden.
[88] Die Unterrichtsvoraussetzungen sind Kapitel 3 zu entnehmen.
[89] Das Groblernziel kann der Synopse der Unterrichtsreihe (vgl. Kap. 5.0) entnommen werden.

erkennen und eine entsprechende Fragestellung formulieren. (Methodenkompetenz)

LZ3: ... erfassen die Änderung von Wellengeschwindigkeit, Wellenlänge und Wellenhöhe eines Tsunami in Abhängigkeit von der Wassertiefe, indem sie ihre Ergebnisse durch erneute genauere Betrachtung der zweiten Phase der Tsunami-Entstehung notieren. (Fach- und Methodenkompetenz)

LZ4: ... leiten aus den neu gewonnenen Erkenntnissen Merksätze ab, indem sie die Parameter miteinander vergleichen und diesen Vergleich zunächst verbalisieren und dann verschriftlichen. (Fachkompetenz)

LZ5: ... begründen die erfassten Phänomene, indem sie Überlegungen anstellen und diese notieren. (Fachkompetenz)

Sachanalyse

Um Wiederholungen zu vermeiden, verweise ich auf Kapitel 2.1.2, 2.1.3, 5.1 (Rahmenplanbezug), 5.2 (Begründung der Themenwahl) und 5.4 (Sachdarstellung und Didaktische Reduktion). Es folgt nun die Analyse des in dieser Unterrichtsstunde konkret verwendeten Materials und dessen Beitrag zur Zielsetzung der Stunde. Die Stunde wird durch die Tsunami-Animationen von edumedia getragen[90]. Das Erkennen der Unterteilung eines Tsunami in drei Phasen wird hier durch drei kleine Animationen deutlich und ist in seiner Beschaffenheit somit schon vorstrukturiert. Die von drei Schülern zu Hause ausgefüllten *Folienschnipsel* zur Beschreibung der drei Phasen eines Tsunami dienen in der Einstiegsphase der Zeitersparnis und der Orientie-

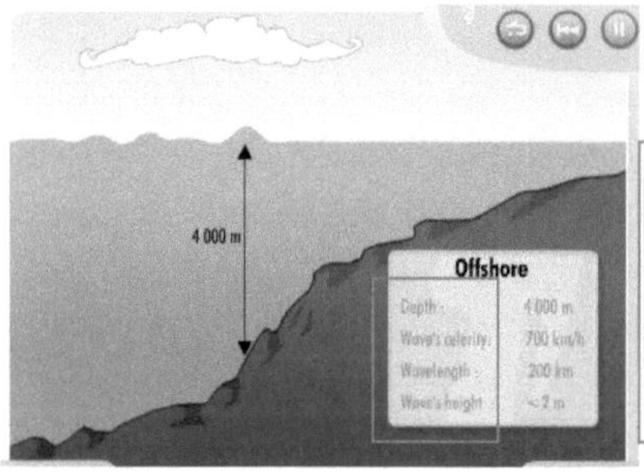

Abb. 2: Schnappschuss aus der Animation *Welle* von edumedia

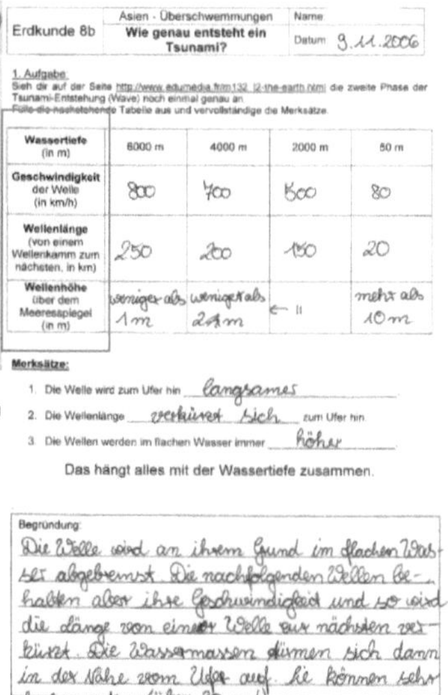

Erdkunde 8b	Asien - Überschwemmungen **Wie genau entsteht ein Tsunami?**	Name: Datum: 9.11.2006

1. Aufgabe:
Sieh dir auf der Seite http://www.edumedia.fr/m132_l2-the-earth.html die zweite Phase der Tsunami-Entstehung (Wave) noch einmal genau an.
~~Fülle die nachstehende~~ Tabelle aus und vervollständige die Merksätze.

Wassertiefe (in m)	6000 m	4000 m	2000 m	50 m
Geschwindigkeit der Welle (in km/h)	800	700	500	80
Wellenlänge (von einem Wellenkamm zum nächsten, in km)	250	200	150	20
Wellenhöhe über dem Meeresspiegel (in m)	weniger als 1m	weniger als 2m	← "	mehr als 10m

Merksätze:

1. Die Welle wird zum Ufer hin langsamer
2. Die Wellenlänge verkürzt sich zum Ufer hin.
3. Die Wellen werden im flachen Wasser immer höher.

Das hängt alles mit der Wassertiefe zusammen.

Begründung:
Die Welle wird an ihrem Grund im flachen Wasser abgebremst. Die nachfolgenden Wellen behalten aber ihre Geschwindigkeit und so wird die Länge von einer Welle zur nächsten verkürzt. Die Wassermassen türmen sich dann in der Nähe vom Ufer auf. Sie können sehr hoch werden (über 30 m!)
HG
Das ist dann der Tsunami!

Abb. 3: Ausgefüllter Arbeitsbogen der zweiten Unterrichtsstunde einer Schülerin

[90] http://www.edumedia-sciences.com/m132_l2-the-earth.html [03.02.2007]

rung, und sind zur Erfüllung dieser Funktion mit den entsprechenden Startbildern der Animationen und einem freien Feld für die Beobachtungen versehen. Die Bilder führen auch direkt auf die Entwicklung der Leitfrage hin.
Das genaue Verhalten des Wassers während der Fortpflanzung der Welle wird durch die Angabe von vier Parametern in der Animation *Welle* deutlich (vgl. Abb.2).
In dieser Phase der Erarbeitung erfüllt der von mir erstellte Arbeitsbogen auch eine besondere Funktion: Die Anordnung der Parameter in der Tabelle des Arbeitsbogens entspricht mit den jeweils deutschen Fachbegriffen jener mit den englischen Bezeichnungen in der Animation (vgl. Abb. 2 und 3, rote Kästchen), so dass Schüler mit wenig Vorwissen in Englisch[91] sich daran orientieren können. Auch die Anordnung der Merksätze richtet sich nach der gleichen Reihenfolge[92]. Der Arbeitsbogen insgesamt ist so konzipiert, dass den Schülern möglichst viel Struktur an die Hand gegeben wird und dient vor allem der Funktion der Prozesssteuerung und der Zeitersparnis.[93]

Didaktisch-methodische Entscheidungen

Der *Einstieg* in die Unterrichtsstunde erfolgt über den Vergleich der Schülerergebnisse aus der Hausaufgabe. Diese vorentlastende Hausaufgabe[94], in der es lediglich um Beschreibungen der einzelnen Phasen eines Tsunami geht, dient der Zeitersparnis, so dass im Unterricht selbst nur die Vollständigkeit und Richtigkeit überprüft werden. Die Hausaufgabe ist für die Schüler leistbar[95] und soll von ihnen präsentiert, diskutiert und verglichen werden, was hauptsächlich selbstständig und nur mit kleinen Hilfen von mir geschehen soll, um somit neben der Fach- auch die Kommunikationskompetenz der Schüler zu fördern. Die Beschreibungen sollen den Schülern helfen, sich bewusst zu machen, dass Tsunamis auf dem offenen Meer aufgrund ihrer geringen Höhe keine Bedrohung für den Menschen darstellen, was Schüler oft denken, da sie Tsunamis mit so genannten extrem hohen *Freakwaves* verwechseln. Anschließend wird so automatisch ein kognitiver Konflikt erzeugt, der sich aus dem Vergleich zwischen ihren Vorstellungen von Tsunamis als riesigen Wellen auf offener See und dem eben Erlernten ergibt. Dieser Konflikt mündet dann in der *Leitfrage* der Stunde.[96] Ich gehe davon aus, dass die Schüler sich in der Hausarbeit auf eine reine Beschreibung der Animation beschränken, und in dieser keinen Bezug nehmen auf die angegebenen Parameter zur Wassertiefe, Wellengeschwindigkeit, Wellenlänge und -höhe.[97]

[91] Vgl. Kapitel 3.2
[92] Vgl. Abb. 3
[93] Vgl. auch die didaktisch-methodischen Entscheidungen zu dieser Stunde
[94] Vgl. Folienschnipsel in der Sachanalyse
[95] Vgl. hierzu auch Kap. 3.2 und 3.3
[96] Dies entspricht dem naturwissenschaftlichen Erkenntnisgang; für den genauen Wortlaut der Leitfrage vgl. auch Unterrichtsverlauf dieser Unterrichtsstunde
[97] Grund zu der Annahme sind die in Kapitel 3.1 bereits erwähnten eher schwachen Leistungen der Schüler, die

Deshalb gebe ich den Schülern an dieser Stelle den Hinweis, sich noch einmal genauer mit der zweiten Phase des Tsunami, nämlich der *Welle*, auseinanderzusetzen, und leite somit in die *Erarbeitungsphase* über. Auf dem von mir dann ausgeteilten Arbeitsbogen, erkennen die Schüler die vorgegebene Struktur[98] und können mit Hilfe der von mir angeschriebenen Vokabelübersetzungen an der Tafel direkt mit der Erarbeitung beginnen. Da die Animation einen relativ schnellen Durchlauf aufweist, sind die Schüler gezwungen, sich diese mehrmals anzuschauen[99], was zwar zeitintensiv ist, aber durch die mehrfachen Wiederholungen der Durchläufe der *Festigung*, und so dem Schwerpunkt der Untersuchungen dient. In der Erarbeitungsphase wird es mit hoher Wahrscheinlichkeit passieren, dass einige Schüler aufgrund ihrer aus dem privaten Bereich mitgebrachten besseren Medienfertigkeiten deutlich schneller fertig sind als andere, nicht so medienkompetente Schüler. Die schnelleren Schüler sollen dann als Tutoren fungieren und ihre Mitschüler anleiten, was zur Förderung der Sozialkompetenz beiträgt. Es ist vorgesehen, die Erarbeitung in Einzelarbeit durchführen zu lassen. Wegen des Mangels an Arbeitsplätzen[100] müssen jedoch einige Schüler mit einem Partner zusammenarbeiten. Bei der Zusammensetzung achte ich darauf, dass ein medienkompetenterer mit einem weniger medienkompetenten Schüler zusammenarbeitet.[101] Ich werde die Schüler auch darauf hinweisen, dass es wichtig ist, dass jeder einzelne von ihnen mit den Animationen umgehen kann. Während der Erarbeitungsphase werde ich herum gehen, um mir zur Überprüfung von den schwächeren Schülern den Umgang mit den Animationen erklären zu lassen.

Die *Sicherungsphase* verläuft im Plenum in einem gelenkten Unterrichtsgespräch, wobei hier durch mich kaum gelenkt wird. Der Vergleich der Tabelle und der Merksätze erfolgt mündlich und dürfte recht schnell gehen, da bei den Antworten keine Streuung möglich ist.

In der *Transferphase* (Phase des Anforderungsbereiches III) sollen die Schüler anhand ihrer Aufzeichnungen eine *Begründung* für das Phänomen des Wellenaufbaus in Küstennähe formulieren. In dieser Phase muss durch mich stärker gelenkt werden, wobei diese Lenkung das Augenmerk der Schüler auf die Reihenfolge Geschwindigkeit - Wellenlänge - Wellenhöhe ziehen soll. Diese Denkleistung ist eine sehr abstrakte und soll deshalb durch möglichst viele Schüler nacheinander auch „mit Händen und Füßen" erklärt werden. Sollte es für einige Schüler dennoch zu abstrakt sein, sollen sie ihr Wissen auf ein Nachspiel auf dem Schulflur transferieren, wobei sie selbst die Wellen darstellen (Förderung der Sozialkompetenz).

---

nicht zuletzt auf eine, den Arbeitsaufwand betreffende, minimalistische Einstellung zurückzuführen sind.

[98] Vgl. Sachanalyse

[99] Dies fördert auch die instrumentell-methodische Kompetenz

[100] Vgl. Kap. 3.3

[101] Die Kenntnisse über die Medienkompetenz der Schüler entnehme ich meinen Beobachtungen aus der ersten Stunde der Unterrichtsreihe (Basisstunde).

Unterrichtsverlauf[102]

Einstieg, LZ1	gUG	Folienschnipsel/OH-Projektor	13 min.

L bittet die S, die einen Folienschnipsel zu Hause ausgefüllt haben, ihre Ergebnisse nacheinander der Gruppe vorzustellen.

Die übrigen S vergleichen ihre Ergebnisse und ergänzen gegebenenfalls.

Leitfrage, LZ2	gUG	Tafel	2 min.

L bittet S Phase zwei und drei noch mal anzusehen und zu beschreiben, was ihnen auffällt. S erkennen den Höhenunterschied der Wellen und entwickeln die Leitfrage. L schreibt diese an die Tafel: „Weshalb wird die Welle erst in Strandnähe so hoch?"

Erarbeitung, LZ 3+4	EA,PA	Animation/AB	20 min.

L teilt AB aus. S bearbeiten die Aufgabe. Sie orientieren sich am AB und entnehmen die nötigen Informationen aus der Animation.

Transfer, Ergebnissicherung, LZ 5	gUG	Tafel	10 min.

S tragen ihre Ergebnisse vor, ergänzen und entwickeln im UG die Begründung für das Phänomen.

Durchführung und Analyse

Der Stunde verlief bis zur Erarbeitungsphase wie geplant.[103] Schwierigkeiten ergaben sich dann in der Erarbeitungsphase, da die schnelleren Schüler sich nicht sofort freiwillig als Tutoren zur Verfügung stellten, sondern die Zeit und die Gelegenheit nutzten, um im Internet zu surfen oder zu chatten. Da ich dies bereits antizipiert hatte[104], konnte ich darauf schnell reagieren und den entsprechenden Schülern ihre Aufgaben zuteilen.

Sicherungs- und Transferphase liefen ebenfalls wie geplant, wobei in der Transferphase das Nachspielen der Wellen zu Hilfe genommen werden musste.

Auffällig waren die unterschiedlichen Aktivitäten der Schüler in den verschiedenen Phasen. Die fachlich leistungsschwachen Schüler waren in der Erarbeitungsphase sehr motiviert und hatten ihre Ergebnisse schnell zusammengetragen, wohingegen die fachlich leistungsstärkeren hier mehr Zeit benötigten, was an ihrer fehlenden Erfahrung mit Computerprogrammen lag. Sie fanden es auch befremdlich, sich von den schwächeren Schülern helfen zu lassen und reagierten teils gereizt oder ablehnend, was wiederum zu Unverständnis auf Seiten der schwächeren Schüler stieß. Diese fühlten sich aber gerade in der Erarbeitungsphase sichtlich wohl und genossen es, auch mal zu zeigen, dass sie etwas gut können. Mein Lob

[102] Bei der Darstellung des Unterrichtsverlaufs werden folgende Abkürzungen verwendet: L = Lehrer, S = Schüler, gUG = gelenktes Unterrichtsgespräch, EA = Einzelarbeit, PA = Partnerarbeit, AB = Arbeitsbogen
[103] Vgl. Didaktisch-methodische Entscheidungen
[104] Vgl. Kap. 5.5

bestärkte sie dann auch, ruhig auf die gereizten Bemerkungen der Mitschüler zu reagieren, und ihnen dennoch zu helfen. In der Transferphase wendete sich das Blatt dann allerdings schnell wieder. Die leistungsstärkeren Schüler übernahmen hauptsächlich die Hinführung zur Begründung, nicht ohne den Unterschied zu vorher zu bemerken und dies auch gegenüber den leistungsschwächeren zu verbalisieren („Tja, ihr wisst halt, wie es geht und wir können nachdenken."). An dieser Stelle befürchtete ich, dass die Situation eskalieren könnte und die vorher recht entspannte Atmosphäre in Frustration umschlagen würde. Ich lenkte deshalb ein und wies die Schüler darauf hin, dass es doch toll gelaufen ist, und sie gemeinsam durch gegenseitige Hilfe zum Ziel gekommen sind. Die Schüler sahen das ein und bestärkten ihr Zusammengehörigkeitsgefühl, indem sie mir gegenüber äußerten, dass sie sich ja eigentlich immer gegenseitig helfen und sich nur ab und zu etwas necken würden („Das gehört bei uns dazu."). Die Schüler sind definitiv noch dabei zu lernen, die Stärken und Schwächen der Mitschüler zu akzeptieren, ohne einzelne Personen anzugreifen. Der Verlauf dieser Stunde hat ihnen gezeigt, dass jeder Stärken und Schwächen besitzt, also trug die Stunde unbestritten auch zur Förderung der Sozial- und Personalkompetenz bei. Die Förderung der im Vordergrund stehenden Fach- und Methodenkompetenz (instrumentell) in dieser Unterrichtsstunde kann durch das Bearbeiten und Beantworten der Leitfrage bestätigt werden. Hier ist auch ganz klar eine Progression in der Unterrichtsstunde von der reinen Übernahme von Daten aus der Animation, über deren Auswertung und Zusammenschluss durch die Formulierung von Merksätzen bis hin zur Begründung des Phänomens bei den Schülern festzustellen. Der Arbeitsbogen erwies sich als funktional bezüglich der Vorstrukturierung und somit der Prozesssteuerung. Gleiches gilt für die Animation, die durch die Reduzierung auf die wesentlichen, schwerpunktrelevanten Aspekte den Schülern die Argumente zur Beantwortung der Leitfrage liefern konnte.

6.2 Die dritte Unterrichtsstunde[105]

Stundenthema: Die zerstörerische Kraft von Tsunamis – immer gleich?

Lernziele[106]

Feinlernziele

Die Schüler ...

LZ1: ... erfassen die unterschiedliche Zerstörungskraft des Tsunami vom 26.12.2004 an verschiedenen Orten Südostasiens, indem sie nach Vorgaben mit der interaktiven Tsunami-Chronik des ZDF arbeiten und ihre Ergebnisse verbalisieren. (Fach- und Methodenkompetenz)

---

[105] Die Unterrichtsvoraussetzungen sind Kapitel 3 zu entnehmen

[106] Das Groblernziel kann der Synopse der Unterrichtsreihe (vgl. Kap. 5.6) entnommen werden.

LZ2: ... kennzeichnen die zentrale Zielsetzung der Stunde, indem sie den Widerspruch zwischen demselben Phänomen und dessen unterschiedlichen Auswirkungen erkennen, eine entsprechende Fragestellung formulieren und mindestens zwei Vermutungen zu deren Beantwortung benennen (Methodenkompetenz).
LZ3: ... überprüfen ihre Vermutungen und weitere Möglichkeiten, indem sie in der interaktiven Tsunami-Chronik nach Hinweisen und Anhaltspunkten suchen, und diese dann in Stichpunkten schriftlich festhalten. (Fach- und Methodenkompetenz)
LZ4: ... finden mit Hilfe der interaktiven Tsunami-Chronik heraus, dass die Zerstörungskraft des Tsunami mit der Küstenform korreliert und begründen dies, indem sie es verbal und schriftlich darstellen. (Fachkompetenz)
LZ5: ... verorten das Ereignis vom 26.12.2004, indem sie eine stumme Karte mit Karten der interaktiven Tsunami-Chronik vergleichen und das Symbol für ein Epizentrum an entsprechender Stelle in der stummen Karte befestigen. (Fachkompetenz).

Sachanalyse

Um Wiederholungen zu vermeiden, verweise ich erneut auf die Kapitel 2.1.2, 2.1.3, 5.1 (Rahmenplanbezug), 5.2 (Begründung der Themenwahl) und 5.4 (Sachdarstellung und Didaktische Reduktion). Es folgt nun die Analyse des in dieser Unterrichtsstunde konkret verwendeten Materials und dessen Beitrag zur Zielsetzung der Stunde. Diese Stunde wird durch die interaktive Tsunami-Chronik des ZDF getragen.[107] Wie der Name bereits vermuten lässt, weist sie einen relativ hohen Grad an Interaktivität auf. Die Animationen sind hier durch Informationstexte und Tonaufnahmen gestützt. Letztere sind für den Unterricht uninteressant, da ein Hören über Lautsprecher zu einem großen Durcheinander in der Lerngruppe führen würde, und Anschlüsse für

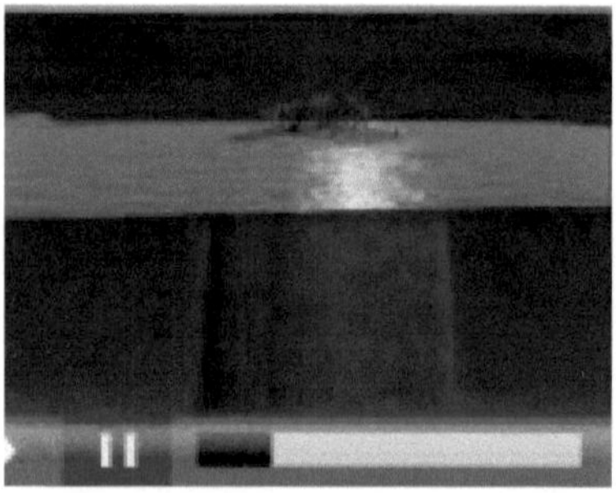

Abb. 4: Standbild aus der Animation zu den Malediven. Gut erkennbar sind hier die steil abfallenden untermeerischen Küsten.

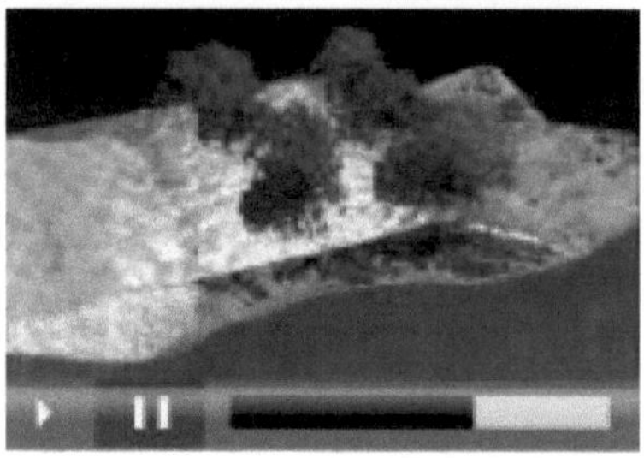

Abb. 5: Standbild aus der interaktiven Tsunami-Chronik zur Minderung der Wucht eines Tsunami durch Mangrovenwälder.

[107] http://www.zdf.de/ZDFxt/module/tsunami/tsunami.htm [03.02.2007]

Kopfhörer an den Schülerrechnern nicht vorhanden sind.[108] Die Animation zu den Malediven und den Seychellen zeigt deutlich die steil abfallende Küste unter ser (vgl. Abb. 4). Im weiteren Verlauf der Animation erkennt man, dass durch die geringe Höhe der gezeigten Insel, diese komplett von einem Tsunami überspült wird, es aber kein Sog auftritt. Dieser wird im begleitenden Informationstext zu den Malediven als gefährliche Wirkung beschrieben. Weiterhin heißt es in diesem Informationstext, dass Korallenriffe die Wucht der Welle abfangen. Eine weitere Animation verdeutlicht die Wirkung von Mangrovenwäldern auf die Schwächung einer Tsunami-Welle (vgl. Abb. 5). All die vorher beschriebenen interaktiven mationen sind Teile, die den Schülern bei der Beantwortung der Leitfrage behilflich sein sollen. Sie sind es, die im Verlauf des Unterrichts wie Puzzleteile zugeordnet und zusammengesetzt werden müssen.

Die stumme Karte und die Signatur eines Epizentrums auf einem Folienschnipsel für die Zusatzaufgabe (Binnendifferenzierung im Unterricht, Hausaufgabe) dienen der geografischen Orientierung (Fachkompetenz) und Einordnung des Ereignisses vom 26.12.2004. Dies geschieht durch Vergleich mit Ausschnitten der interaktiven Tsunami-Chronik des ZDF (Hintergrundbild des Zeitstrahls, vgl. auch Abb. 6).

Didaktisch-methodische Entscheidungen

Die Stunde folgt dem Prinzip des naturwissenschaftlichen Erkenntnisganges,[109] und fördert so nicht nur die Fach-, sondern auch die Methodenkompetenz. Der *Einstieg* erfolgt über mich, mit dem direkten Verweis auf bestimmte Stellen in der Tsunami-Chronik, anhand derer die Schüler die unterschiedlichen Zerstörungsgrade bemerken sollen.[110] Die betreffende URL wird über den Beamer für jeden Schüler sichtbar an die Wand projiziert, ebenso wie die Verweise auf die Menüpunkte, in denen die Schüler die nötigen Informationen finden. Durch den direkten Einstieg soll zunächst die Aufmerksamkeit der Schüler gebündelt werden und an dieser Stelle Zeit gespart werden, welche die Schüler in der Erarbeitung benötigen. Es wird eine Zeitvorgabe von nur 5 min. gegeben, damit die Schüler nur die von mir geforderten Zerstörungsgrade erfassen, was im Unterrichtsgespräch einen kognitiven Widerspruch bei den Schülern erzeugt und zur Stellung der *Leitfrage* und Äußerung von Vermutungen durch die Schüler führen soll.[111] Zur Verifizierung bzw. Falsifizierung ihrer Vermutungen müssen sich die Schüler in der *Erarbeitung* erneut die interaktiven Animationen in der Chronik ansehen, was durch die Wiederholung der Betrachtungen der Festigung dienlich sein soll. Der von mir ausgeteilte Arbeitsbogen fungiert für die nicht so medienkompetenten Schüler als Orientierungshilfe, und allen zur Sicherung ihrer Ergebnisse. Das Anwählen ver-

[108] Viele Schüler berichteten mir aber im Nachhinein, dass sie zu Hause die Animationen mit Ton verfolgt hätten.
[109] Vgl. Kap. 2.1.5
[110] Vgl. Sachanalyse
[111] Zu den Vermutungen vgl. Unterrichtsverlauf

schiedener Menüpunkte im Zeitstrahl der Chronik sowie weiterer Untermenüs zum Zweck der Überprüfung der Vermutungen durch die Schüler, fördert deren Methodenkompetenz (instrumentell). Die Schüler werden von mir in dieser Phase darauf hingewiesen, sich Notizen zu dem zu machen, was sie gefunden ermittelt haben, um in der Sicherungsphase auf die richtigen Stellen in der interaktiven Tsunami-Chronik verweisen zu können. Diese Vorgehensweise schult ihre Kompetenz, sich strukturiert Inhalte zu erarbeiten. Für die schnelleren Schüler ist eine Zusatzaufgabe vorgesehen, welche die Verortung des Ereignisses vom 26.12.2004 durch Platzieren der Signatur eines Epizentrums an der richtigen Stelle einer stummen Karte vorsieht. Das Material steht hierfür auf dem zentralen Tisch bereit,[112] so dass die Schüler zwischendurch kurz aufstehen, sich bewegen und an einem anderen Platz arbeiten können.

Zum Beginn der Sicherungsphase, bitte ich einen leistungsstarken Schüler an die Tafel, um als Bezugspunkt die für den Unterrichtszweck so benannte „normale Küste" anzeichnen zu lassen. Die Inhalte sind den Schülern aus der voran gegangenen Unterrichtseinheit „Plattentektonik" bekannt. Ich werde einen Schüler auswählen, von dem ich sicher bin, dass er der Aufforderung nachkommen kann und sich nicht bloßgestellt fühlt. Anhand dieser Zeichnung wird durch mich im Vergleich eine Steil- und eine Flachküste angezeichnet.[113] Die Schüler sollen den Küstenformen nun, nachdem sie diese auf ihrem Arbeitsblatt übernommen haben, Orte des südostasiatischen Raums, die in der interaktiven Tsunami-Chronik genannt werden, begründet, anhand der Erkenntnisse aus der letzten und heutigen Stunde, zuordnen. Anschließend sollen die Schüler noch einmal Bezug auf die eingangs gestellten Vermutungen nehmen.

Die Schüler, die es in der Stunde nicht geschafft haben, die Zusatzaufgabe zu bearbeiten, müssen diese zu Hause im Sinne der geografischen Zuordnung anfertigen. Diese Maßnahme stellt eine Ausnahme dar, da ich normalerweise in Gänze darauf verzichte, Zusatzaufgaben mit in die *Hausaufgaben* zu geben. Wegen der Zeitknappheit aber und der immanenten Wichtigkeit der Auseinandersetzung mit Verortungen auf Karten im Erdkundeunterricht, halte ich es hier für notwendig und auch für die Schüler leistbar, zeitlich wie stofflich.

Unterrichtsverlauf[114]

Einstieg, LZ1	LV, EA	Animation	8 min.

L bittet S, bestimmte Abschnitte der Tsunami-Chronik hinsichtlich der Zerstörungskraft des Tsunami an verschiedenen Orten anzusehen.

---

[112] Vgl. Kap. 3.3
[113] Vgl. Anhang 4, AB dieser Stunde
[114] Bei der Darstellung des Unterrichtsverlaufs werden folgende Abkürzungen verwendet: L = Lehrer, S = Schüler, gUG = gelenktes Unterrichtsgespräch, EA = Einzelarbeit, PA = Partnerarbeit, AB = Arbeitsbogen, LV = Lehrervortrag

S erfassen die Informationen in der Tsunami-Chronik.

Leitfrage, LZ 2	gUG	Tafel	7 min.

L bittet S ihre Erkenntnisse zu verbalisieren. S erkennen die Auswirkungen des Tsunami an verschiedenen Orten und entwickeln die Leitfrage. L schreibt diese an die Tafel: „Warum sind die Zerstörungen durch den selben Tsunami an verschiedenen Orten so unterschiedlich?“. S äußern ihre Vermutungen (Beschaffenheit der Küste, Entfernung vom Epizentrum, Hindernisse vor der Küste)

Erarbeitung, LZ 3+4	EA,PA	Animation/AB	20 min.

L teilt AB aus. S bearbeiten die Aufgabe. Sie orientieren sich am AB, entnehmen die nötigen Informationen aus der Animation und überprüfen ihre Vermutungen.

Ergebnissicherung	gUG	Tafel	10 min.

L lässt von einem S „normale“ Küstenform an die Tafel zeichnen und ergänzt selbst Steil- und Flachküste. S tragen ihre Ergebnisse mit Hilfe der Küstenformen zusammen, ergänzen und entwickeln im UG die begründete Antwort für die Leitfrage.

Zusatzaufgabe, Hausaufgabe, LZ 5	EA	Animation	

L stellt für die schnelleren S die Zusatzaufgabe. S holen sich Material und bearbeiten die Aufgabe.

Durchführung und Analyse

Der Stunde verlief bis zur Erarbeitungsphase wie geplant.[115] Die Schüler konnten im *Einstieg* genügend Informationen für die Stellung der *Leitfrage* zusammentragen. Die Phase der *Erarbeitung* jedoch war für die Schüler zu offen und zu wenig strukturiert, so dass ich ihnen zweimal Hinweise geben musste, an welcher Stelle sie die nötigen Informationen zur Beantwortung ihrer Frage bekommen konnten. Einige Schüler waren sehr erpicht darauf, alles richtig zu machen und zeigten deshalb eine große Verunsicherung bezüglich der selbstständigen Suche nach Informationen. Ich hätte hier im Vorfeld Hilfekarten mit Hinweisen zur Verfügung stellen sollen, die sich die Schüler bei Bedarf hätten abholen können. In der Sicherungsphase hingegen lief zu Beginn alles sehr gut,

Abb. 6: Schüler bei der Erarbeitung

[115] Vgl. Didaktisch-methodische Entscheidungen

und die Schüler konnten der geplanten Struktur gut folgen. Die Schüler, die ich an die Tafel holte, hatten auch keine Probleme, die von mir geforderte Küstenform anzuzeichenen, sie wollten sogar die weiteren Formen selbst anzeichnen, was ich ihnen natürlich gewährte (vgl. Abb. 7). Ich hatte aus Gründen der Zeitersparnis geplant, es selbst zu tun, jedoch dauerte es bei den Schülern auch nicht länger als geplant, und hatte so auch einen besseren Effekt bezüglich der Schüleraktivität, die hierdurch nochmals erhöht wurde. Die Zuordnung der Orte zu den jeweiligen Küstenformen verlief reilos, wobei in einer Gruppe ein leistungsschwächerer Schüler gleich die Parallele zur deutschen Nordseeküste zog (Transfer) und bemerkte, dass aufgrund der sehr flachen Wattküste, Deutschland vermutlich nie durch einen Tsunami bedroht werden könnte, da sich dieser „ja bei der Küste totlaufen würde".[116] Dies zeigte mir, dass das auch die schwächeren Schüler das Ziel dieser Unterrichtsstunde erreicht hatten. Die Zusatzaufgabe war bei den Schülern sehr beliebt, was sich darin zeigt, dass alle Schüler in der Stunde die Zeit fanden, sich dieser Aufgabe zu widmen. Sehr ansprechend fanden sie hierbei die kleinen Folienschnipsel mit den darauf gedruckten Epizentren („Ich will auch so ein kleines Epizentrum"). Die Beliebtheit lässt sich vermutlich mit der Handlungsorientierung in dieser Phase begründen, und der Tatsache, dass die Schüler gerne die Gelegenheit wahrnahmen, zwischendurch einmal aufzustehen.

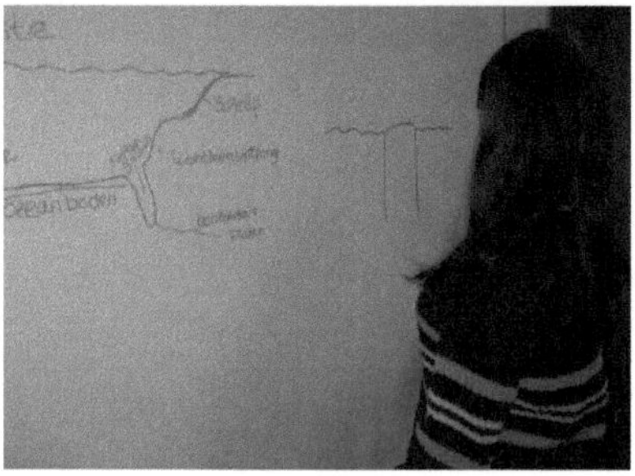

Abb. 7: Schülerin bei der Zeichnung der Küstenformen.

Ich würde die interaktive Tsunami-Chronik wieder für diesen Unterrichtsinhalt einsetzen, jedoch beim nächsten Mal darauf achten, genügend Hilfsmöglichkeiten (in Form von Hilfskärtchen o.ä.) zur Verfügung zu stellen.

Insgesamt bestätigte auch diese Stunde die vorangegangene Planung, so dass die Lernziele meiner Meinung nach bei dem größten Teil der Schüler erreicht werden konnten. Auch der Einsatz der Animationen kann hinsichtlich der Förderung der Abstraktionsfähigkeit und der Motivation als bestätigt angesehen werden.

7 Auswertung der Unterrichtsergebnisse

In diesem Kapitel erfolgt die Darstellung der Ergebnisse über den Einfluss von Animationen auf die Festigung geografischer Fachkompetenz, die am Lernerfolg

[116] Zitat eines Schülers

gemessen wird (vgl. Kap. 2.2.1), sowie daraus folgend die Beantwortung der Leitfragen (vgl. Kap. 4).

Es ist nochmals darauf hinzuweisen, dass die Unterrichtsergebnisse aufgrund der geringen Schüleranzahl keinesfalls als repräsentativ anzusehen sind und demnach mit entsprechender Distanz betrachtet werden müssen.[117]

7.1 Animationen im Hinblick auf die Verbesserung des kurzfristigen Lernerfolgs

In diesem Kapitel erfolgt zunächst eine separate und anschließend eine vergleichende Auswertung des Fragebogens[118] und der BSL 1, die gemeinsam in der Beantwortung der ersten und anteilig der dritten Leitfrage (vgl. Kap. 4) münden.

Auswertung des Fragebogens

Die Auswertung der Antworten zum kurzfristigen Lernerfolg (Frage 6) ergab folgendes (vgl. Abb. 8): Bei dem Vergleich zwischen dem Unterricht mit Animationseinsatz und traditionellem Unterricht, kreuzten etwa zwei Drittel der Schüler eine zustimmende Antwort bezüglich des Unterrichts mit Animationseinsatz an. Es sticht hierbei auch deutlich die geringe Anzahl der völligen Ablehnungen (zwei Stimmen) hervor.

Bestätigend können die Antworten zu Frage 3 herangezogen werden (vgl. Abb. 9). Hier entschieden sich auch zwei Drittel der Schüler für ein Thema aus dem Unterricht mit Animationseinsatz (Thema 1-3).

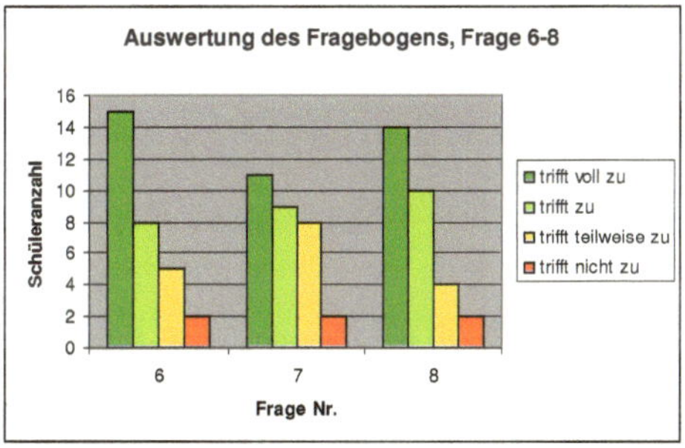

Abb. 8: Auswertung des Fragebogens hinsichtlich der Fragen 6-8

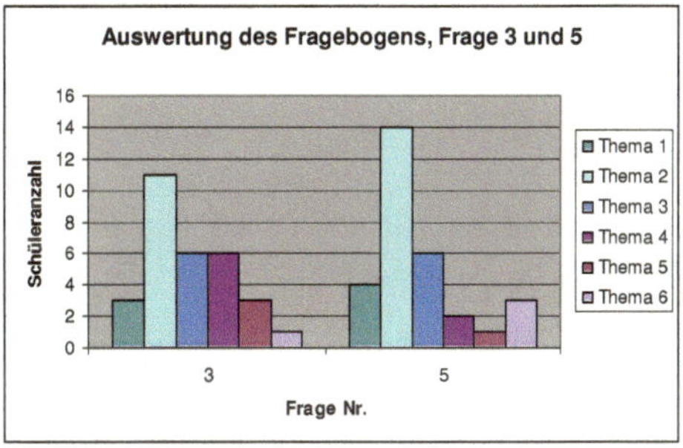

Abb. 9: Auswertung des Fragebogens hinsichtlich der Fragen 3 und 5

[117] Um allgemein gültigere Aussagen treffen zu können, müssten länger angelegte Untersuchungen mit einem größeren Stichprobenumfang durchgeführt werden.

[118] Ein exemplarischer Fragebogen befindet sich im Anhang, vgl. Anhang 1.

Insgesamt erwarten die Schüler demnach einen Einfluss des Animationseinsatzes auf den kurzfristigen Lernerfolg.

Auswertung der Lernzielkontrolle[119]

Die BSL 1 fiel mit einem Notendurchschnitt von 3,0 genauso aus wie die vorangegangene BSL zum physiogeografischen Themenfeld „Plattentektonik“. So gesehen konnte der Animationseinsatz zu keiner Verbesserung des kurzfristigen Lernerfolgs beitragen.
Bei einer genaueren Betrachtung fällt jedoch auf, dass die Ergebnisse, welche die Schüler in den Aufgaben zum traditionellen Unterricht erzielten, mit einem Notendurchschnitt von 3,2 (A_{ohne}) deutlich schlechter ausfielen als diejenigen zu den Aufgaben des Animationsunterrichts mit durchschnittlich erreichten 79 % (A_{mit} = 2,1)[120]. Dieses Ergebnis ist umso verblüffender, wenn man in Betracht zieht, dass die Stunden mit Animationseinsatz in einem größeren zeitlichen Abstand zur BSL lagen, als die ohne.[121]
Der Vergleich der Aufgaben bezüglich der Anforderungsbereiche (AF) ergibt einen großen Unterschied des erreichten Notendurchschnitts im AF 1 von 3,4 (A_{ohne}) und 1,1 (A_{mit}), und einen weniger großen im AF 2 von 3,2 (A_{ohne}) und 3,1 (A_{mit}).
Somit kann in dieser Lerngruppe auf einen Vorteil des Einsatzes von Animationen gegenüber dem traditionellen Unterricht hinsichtlich der Verbesserung des kurzfristigen Lernerfolgs geschlossen werden, jedoch ist festzuhalten, dass sich dies insbesondere auf die Leistungen im AF 1 bezieht und scheinbar eine tiefere Durchdringung des Stoffes durch das Medium nicht erreicht wird.[122]

Beurteilung der Verbesserung des kurzfristigen Lernerfolgs[123]

Bei dem Vergleich der Ergebnisse des Fragebogens und der BSL 1 offenbart sich die relativ gute Selbsteinschätzung der Lerngruppe: Wie von den Schülern angegeben, zeigte sich in der BSL 1 eine deutliche Verbesserung des kurzfristigen Lernerfolgs durch den Animationseinsatz.
Insgesamt weisen die Untersuchungsergebnisse in dieser Lerngruppe demnach eine deutliche Verbesserung im Anforderungsbereich 1 ($V_{LE\,(AF1)} = 2,3$) und eine geringe Verbesserung im Anforderungsbereich 2 ($V_{LE\,(AF2)} = 0,1$) des kurzfristigen Lernerfolgs durch den Animationseinsatz nach.

---

[119] Eine exemplarische BSL befindet sich im Anhang (vgl. Anhang 2). Dabei wurden die Aufgaben 2 und 4 ausgewählt, da sich an diesen die gewonnenen Untersuchungsergebnisse zeigen.
[120] Bei den im Folgenden in Klammern stehenden Zahlenangaben handelt es sich um Durchschnittsnoten.
[121] Vgl. Kap. 5.6 (Synopse)
[122] Aufgrund des äußerst kleinen Stichprobenumfangs kann ein Zufallsresultat nicht vollkommen ausgeschlossen werden.
[123] Vgl. Kap. 2.2.2

7.2 Animationen im Hinblick auf die Verbesserung des mittelfristigen Lernerfolgs

Nachfolgend wird die Auswertung der Ergebnisse zum mittelfristigen Lernerfolg unter Anwendung der Vorgehensweise von Kapitel 7.1 vorgenommen.

Auswertung des Fragebogens

Hinsichtlich des Einflusses von Animationen auf den mittelfristigen Lernerfolg (Frage 7) ergibt sich ein leicht differenzierteres Ergebnis (vgl. Abb. 8).
Den Unterricht mit Animationseinsatz halten die Schüler zwar auch für geeigneter als den traditionellen Unterricht, um eine Verbesserung des mittelfristigen Lernerfolgs zu erreichen, aber weniger deutlich.
Nach Meinung der Schüler ist somit durch den Animationseinsatz auch von einer gewissen Verbesserung des mittelfristigen Lernerfolgs auszugehen.

Auswertung der Lernzielkontrolle

Mit einer Durchschnittsnote von 3,3 fiel die BSL 2 erwartungsgemäß schlechter aus als die BSL 1. Auch in dieser BSL erreichten die Schüler bei den Aufgaben, die unter Animationseinsatz vermittelt wurden, ein besseres Ergebnis (A_{mit} = 2,2) als bei denjenigen, die aus dem traditionellen Unterricht stammten (A_{ohne} = 3,8). Somit blieb die daraus möglicherweise abzulesende Verbesserung des Lernerfolgs durch den Animationseinsatz in ihrer Ausprägung erhalten. Signifikant ist aber der Abfall des Notendurchschnitts beim Unterricht ohne Animationseinsatz um 0,6, wohingegen sich jener des Unterrichts mit Animationen auf lediglich 0,1 beläuft. Dies lässt darauf schließen, dass die Lerninhalte, die mit Animationen vermittelt wurden besser gefestigt sind, als jene ohne.
Deutlich wird dies auch durch die genauere Betrachtung bezüglich der Anforderungsbereiche. Hier ist der Unterschied des Notendurchschnitts diesmal für beide Anforderungsbereiche deutlich. Im AF 1 ergibt sich für A_{mit} ein Schnitt von 1,1, also konnte hier der Wissensstand von vor drei Wochen gehalten werden, und für A_{ohne} ein Schnitt von 3,6, was nur eine leichte Verschlechterung zur BSL 1 zeigt. Im AF 2 sind die Unterschiede schon größer. Wo bei der BSL 1 nur eine Differenz von 0,1 zwischen A_{ohne} und A_{mit} festgestellt werden konnte, sind es in der BSL 2 bereits 0,6 (A_{ohne} = 3,8 und A_{mit} = 3,2). Man kann demnach auch bei der Betrachtung der einzelnen Anforderungsbereiche konstatieren, dass der Einsatz von Animationen im Unterricht offensichtlich zu einer Steigerung des Lernerfolges gegenüber dem traditionellen Unterricht geführt, also zur Festigung der Fachkenntnisse beigetragen hat.
Die intensivere Auseinandersetzung durch die Ansprache mehrerer Lerneingangskanäle bei den interaktiven Animationen brachte demnach ein besseres

Behalten des Unterrichtsinhalts und damit eine Steigerung des mittelfristigen Festigungserfolgs.

Darüber hinaus weisen die Ergebnisse darauf hin, dass die Lernerfolgssteigerung nicht bei allen Schülern gleich stark erfolgte. Eine deutliche Verbesserung des Lernerfolgs wurde vor allem von den Schülern erreicht, die auch an diesen Themen interessiert waren.[124]

Aufgrund der Auswertung der Lernzielkontrolle kann in dieser Lerngruppe auf eine Verbesserung des mittelfristigen Lernerfolgs durch den Einsatz von Animationen geschlossen werden.

Beurteilung der Verbesserung des mittelfristigen Lernerfolgs[125]

Aus dem Vergleich der Auswertung des Fragebogens und der BSL 2 lässt sich ersehen, dass sich die Einschätzung der Schüler nach einer Verbesserung des mittelfristigen Lernerfolgs zu bestätigen scheint. Ebenso deuten die Ergebnisse daraufhin, dass sich der von den Schülern angegebene Einfluss von Animationen bewahrheitet.

Insgesamt kommt die Untersuchung in dieser Lerngruppe somit zu dem Ergebnis, dass Animationen zu einer Verbesserung des mittelfristigen Lernerfolgs, sowohl im Anforderungsbereich 1 ($V_{LE\,(AF1)}$ = 2,5) als auch im Anforderungsbereich 2 ($V_{LE\,(AF2)}$ = 0,6), beitragen.

7.3 Motivation durch Animationen im Hinblick auf die Verbesserung des Lernerfolgs

Der Einfluss der mit Animationen einhergehenden Motivation auf den Lernerfolg wird aus dem Vergleich des Einflusses von Animationen auf die Motivation und auf den Lernerfolg gewonnen.

Auswertung des Fragebogens: Animationen im Hinblick auf die Steigerung der Motivation

Der Einfluss des Einsatzes von Animationen auf die Schülermotivation wurde durch die direkte Frage 8 evaluiert (vgl. Abb. 8). Hierbei wurde die motivierende Wirkung von Animationen im Vergleich zum traditionellen Unterricht sehr deutlich: vier Fünftel der Schüler gaben an, durch den Einsatz von Animationen mehr Spaß am Unterricht zu haben.

---

[124] Vgl. Frage 1 des Fragebogens
[125] Vgl. Kap. 2.2.2

Als Bestätigung dieser kenntnis können außerdem die Ergebnisse der indirekten Fragen 2 und 4 (vgl. Abb. 10) herangezogen werden, in denen jeweils die Themen „Wie genau entsteht ein Tsunami?“ (Thema 2) und „Die zerstörerische Kraft von Tsunamis – immer gleich?“ (Thema 3) die vorderen Positionen einnehmen.

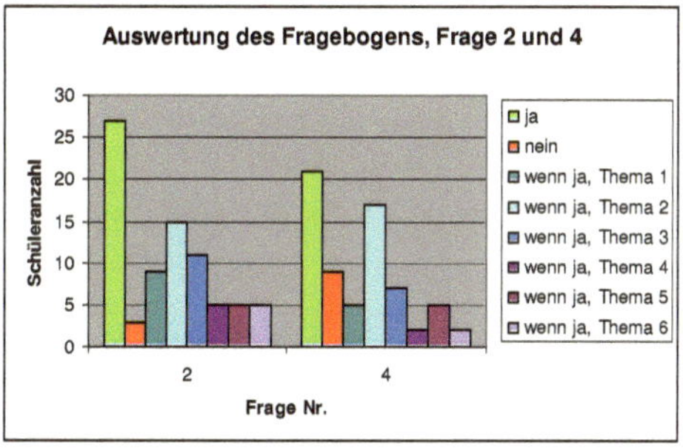

Abb. 10: Auswertung des Fragebogens hinsichtlich der Fragen 2 und 4

Besondere Beachtung muss der Frage 5 beigemessen werden. Auch hier belegen die Themen 2 und 3 die Ränge 1 und 2, jedoch zielte diese Frage auf die Interessenlage der Schüler ab. Das Interesse an einem Thema ist natürlich ein hoher Motivierungsfaktor, doch muss er klar von dem motivierenden Element der Animationen abgegrenzt werden.

Zusammenfassend kann festgehalten werden, dass die Schüler nach eigener Aussage durch den Einsatz von Animationen stärker für den Unterricht motiviert werden.

Auswertung der Lernzielkontrollen: Animationen im Hinblick auf die Verbesserung des Lernerfolgs

Auf die an dieser Stelle notwendigen Ergebnisse aus den Lernzielkontrollen (BSL 1 und 2) soll hier nur kurz verwiesen werden, da sie bereits in den vorangegangenen Kapiteln (vgl. Kap. 7.1 und 7.2) ausführlich dargestellt wurden.

Beurteilung der mit Animationen einhergehenden Motivation auf die Verbesserung des Lernerfolgs

Die von den Schülern angegebene hohe Motivation im Zusammenhang mit dem Einsatz von Animationen und die besten Ergebnisse bei den Inhalten, die über dieses Unterrichtsverfahren vermittelt wurden, schließen einen gewissen Einfluss der Motivation auch auf den Lernerfolg nicht aus. Dennoch darf hierbei nicht unberücksichtigt bleiben, dass ein Interesse an dem erarbeiteten Inhalt einen entsprechenden Einfluss auf den Lernerfolg genommen haben dürften.[126]

Insgesamt scheint die mit dem Animationseinsatz einhergehende Motivation in dieser Lerngruppe einen Einfluss auf die Verbesserung des Lernerfolgs zu haben. Dennoch muss darauf verwiesen werden, dass im Rahmen dieser Arbeit keine Trennschärfe zwischen dem Einfluss der Animationen auf die Motivation und dem

Einfluss des Stundenthemas auf die Motivation besteht, so dass man sich in diesem Punkt nur auf die Aussagen der Schüler stützen kann, ohne diese anhand einer Lernzielkontrolle evaluieren zu können.

8 Gesamtreflexion der Unterrichtsreihe

In der im vorangegangenen Kapitel durchgeführten Untersuchung konnte für diese Lerngruppe ein positiver Einfluss des Einsatzes von Animationen auf die Verbesserung des kurz- und des mittelfristigen Lernerfolgs als Hinweis auf die Festigung geografischen Fachwissens nachgewiesen werden.[127] Hier muss besonders auf die deutliche Überlegenheit der Animationen gegenüber den traditionellen Unterrichtsmedien bezüglich des mittelfristigen Lernerfolgs und somit der stärkeren Festigung hingewiesen werden. Es zeigte sich, dass sowohl im Anforderungsbereich 1 als auch im Anforderungsbereich 2 die kognitiven Leistungen der Schüler nach längerer Zeit bei den Unterrichtsinhalten, die mit Animationen vermittelt wurden, nahezu unverändert waren, wohingegen jene, die mit traditionellen Medien unterrichtet wurden, einen Abfall des Notendurchschnitts um 0,2 im Anforderungsbereich 1 und 0,6 im Anforderungsbereich 2 aufwiesen. Die zur Verfügung stehende Zeit von wöchentlich 45 Minuten Erdkundeunterricht, wurde also mit Animationseinsatz nachweisbar besser genutzt als ohne diesen. Aufgrund der großen Besonderheit und Veranschaulichung und der damit einhergehenden stärkeren Gedächtniswirkung erwiesen sich die Animationen als geeignet („Lob: Arbeiten mit den Animationen im Internet, weil man sich das so besser merken kann", „Ich finde die Idee, Computeranimationen einzubeziehen, gut, weil man sich Sachen, die man sich bildlich vorstellen kann, besser behalten kann.")[128]

Aus diesem Ergebnis können die positiven Effekte der Animationen nicht von der Hand gewiesen werden. Dazu gehört, dass der Einsatz der Animationen dem Großteil der Schüler viel Freude bereitete. Dies ergab die Befragung der Schüler („Überschwemmungen in Asien fand ich sehr gut, da mir die Computeranimationen sehr geholfen haben, es mir zu merken. Ich hatte mehr Spaß zu Hause mit den Animationen zu lernen und es bildlich zu sehen.")[129] und deckt sich auch mit meinen Beobachtungen während der entsprechenden Unterrichtsstunden.[130] Die zuletzt zitierte Schülerantwort zeigt, dass sich zumindest ein Teil der Schüler auch zu Hause mit dem Unterrichtsstoff auseinandersetzten, was zuvor meist nicht zutraf.[131] Die Animationen bedeuteten eine Abwechslung vom traditionellen Unterricht, was die Schüler entsprechend motivierte. Die Motivation zeigte sich

[126] Eine hinreichende Trennung dieser Einflüsse kann in dieser Arbeit nicht geleistet werden.
[127] Für eine endgültige Einordnung fehlen allerdings die Daten einer Vergleichsgruppe.
[128] Ausgewählte Schülerantworten aus den Anmerkungen zur Unterrichtsreihe (vgl. Fragebogen im Anhang 2)
[129] Ausgewählte Schülerantworten aus den Anmerkungen zur Unterrichtsreihe (vgl. Fragebogen im Anhang 2)
[130] Vgl. auch Abb. 11
[131] Vgl. Kap. 3.1 und die Antworten auf die Fragen 2 und 4 des Schülerfragebogens in Abb. 10

besonders bei dem Animationseinsatz zu Thema 2 („Wie genau entsteht ein Tsunami?“), was der Schülerbefragung entnommen werden kann.

Ein weiterer von mir im Vorfeld nicht in Betracht gezogener Vorzug des Mediums war seine Möglichkeit den leistungsschwächeren Schülern vor allem bei der Formulierung der Problemfrage und der Beobachtungen die aktive Beteiligung zu ermöglichen, wohingegen die leistungsstärkeren besonders in der Transferphase mitwirkten. Dies führte dazu, dass die leistungsschwächeren Schüler im Laufe der Unterrichtsreihe an Selbstvertrauen gewannen, so dass es in der Stunde zur zerstörerischen Kraft von Tsunamis einer dieser Schüler war, der auf der Transferebene den Bezug zu den deutschen Küsten herstellen konnte.

Abb. 11: Schüler mit sichtlicher Freude bei der Erarbeitung mit Computeranimationen.

Die für das Unterrichtsvorhaben formulierten Lernziele (vgl. Kap. 5.3) sind meines Erachtens zufriedenstellend erfüllt worden. Hinsichtlich der kognitiven Lernziele zeigen dies die Ergebnisse der Lernzielkontrollen. Ferner erwiesen sich alle Animationen als altersgemäß und konnten wie geplant durchgeführt werden. Insgesamt kann das Unterrichtsvorhaben somit als sehr positiv bewertet werden.

Es gab auch vereinzelt kritische Stimmen, die sich jedoch nie auf die Animationen bezogen, sondern auf den Themenkomplex an sich, wie z.B.: „Eigentlich war dieses Thema nicht so toll. Ich würde lieber *Das All* bearbeiten.“ und „Ich fand es nicht so toll, weil Asien mich nicht so interessiert.“.[132] Verbesserungswürdig ist also nach diesen Aussagen, die sich aus der Verwendung nur einer Lerngruppe als Untersuchungsbasis ergebende Abhängigkeit des Lernerfolgs (und somit der Festigung) vom Interesse für ein Thema, d. h. die Einflüsse von Medium und Unterrichtsthema ließen sich in diesem Unterrichtsvorhaben nicht voneinander trennen. Dies wäre mit mehreren Lerngruppen vergleichbaren Leistungsniveaus hinsichtlich der allgemeinen Schulleistungen möglich gewesen, indem man jedes Thema mit einer anderen Unterrichtsform unterrichtet hätte. Im Rahmen der vorliegenden Arbeit ist eine derartige Ausweitung jedoch nicht realisierbar gewesen. Interessant wäre auch eine nachfolgende Untersuchung bezüglich der Frage, ob der motivationale Effekt der Animationen über einen längeren Zeitraum signifikant nachlassen würde, und ob dadurch das Medium eher als abwechslungsreiche Alternative eingestuft, und als solche auch eingesetzt werden sollte.

[132] Ausgewählte Schülerantworten aus den Anmerkungen zur Unterrichtsreihe (vgl. Fragebogen im Anhang 2)

Darüber hinaus zeigte sich, dass innerhalb der drei schwerpunktrelevanten Stunden, in denen die Animationen eingesetzt wurden, die Schüler eine erstaunliche Entwicklung hinsichtlich ihrer instrumentellen Fertigkeiten zeigten. Dauerte das Aufrufen von Internetseiten und das Zurechtfinden in verschiedenen Menüs zu Beginn der Untersuchung im Schnitt noch mehr als fünf Minuten, konnten die entsprechenden Ausführungen in Stunde drei der Reihe im Schnitt bereits nach zwei Minuten erfolgen, und dies trotz steigender Komplexität der Anwendungen und weniger Steuerungshilfen durch die Lehrperson.
Hinsichtlich der Übertragbarkeit des Unterrichtsvorhabens auf andere Lerngruppen bleibt anzumerken, dass dies bei gleicher Altersstufe durchaus möglich ist. Auch in höheren Klassen ist der Einsatz denkbar, jedoch müssen hier die Zielsetzungen bezüglich der Standards angepasst werden. In jüngeren Klassenstufen ist der Einsatz auch möglich, wenn die instrumentellen Fertigkeiten und kognitiven Fähigkeiten hinsichtlich der Informationstechnik vorhanden sind.
Abschließend stelle ich fest, dass mich die hauptsächlich positiven Ergebnisse davon überzeugt haben, dieses Medium an geeigneter Stelle des Unterrichts erneut einzusetzen. Insbesondere in Klassen, bei denen die Einstündigkeit zum Tragen kommt, dürfen die Vorteile des längeren Behaltens durch die Vermittlung mit Animationen nicht ungenutzt bleiben.

9 Quellenverzeichnis

9.1 Literatur

BENDEL, O., HANSKE, S. (2004): *E-Learning. Das Wörterbuch.* Oberentfelden, Aarau.

BERTELSMANN LEXIKON-INSTITUT (1992): *Das neue Taschenlexikon - Band 1.* Gütersloh: Bertelsmann Lexikon Verlag.

BURGER, G. (2004): *Kurze Animationsfilme im computergestützten Englischunterricht* – In: Praxis Fremdsprachenunterricht, 6. Berlin: Cornelsen.

DÜKER, H.; TAUSCH, R. (1957): *Über die Wirkung der Veranschaulichung von Unterrichtsstoffen auf das Behalten.* In: Zeitschrift für experimentelle und angewandte Psychologie, 5.Göttingen: Hogrefe.

FALK, G. (2003): *Didaktik des computerunterstützten Lehrens und Lernens.* Berlin: Mensch & Buch Verlag.

GSCHNAIDER, M. (2004): *Selbst erstellte Bildanimationen für den Unterricht* – In: SCHLEICHER, Y. (2004): *Computer, Internet & Co im Erdkundeunterricht.* Berlin: Cornelsen Scriptor.

GUDJONS, H. (1999): *Pädagogisches Grundwissen.* Bad Heilbrunn: Klinkhardt.

HAUBRICH, H. [HRSG.] (1993): *Didaktik der Geographie konkret.* München: Oldenbourg.

HAUBRICH, H. [HRSG.] (1997): *Didaktik der Geographie konkret.* München: Oldenbourg.

HAUBRICH, H. [HRSG.] (2006): *Geographie unterrichten lernen.* München: Oldenbourg.

HEMMER, I. (1997): *Computersimulationen im Geographieunterricht.* Nürnberg.

HEPP, R. (1999): *Wie finden Lehrkräfte und Jugendliche das Lernen an Stationen?.* Velber: Friedrich.

ISSING, L. J. (1994): *Von der Mediendidaktik zur Multimedia-Didaktik* - In: Unterrichtswissenschaft, 22. Weinheim: Juventa.

ISSING, L. J., KLIMSA, P. [Hrsg.] (2002): *Informationen und Lernen mit Multimedia und Internet.* Weinheim: Beltz.

KANDEL, E. R., SQUIRE, L. R. (1999): *Gedächtnis. Die Natur des Erinnerns.* Heidelberg: Spektrum.

KIRCHER, E.; GIRWIDZ, R.; HÄUßLER, P. (2001): *Physikdidaktik.* Berlin: Springer.

KLAUSMEIER, H.; RIPPLE, R. (1971): *Moderne Unterrichtspsychologie. Band 3: Lernen und Lernerfolg.* München: Reinhardt.

KLIPPERT, H. (2004): *Eigenverantwortliches Arbeiten und Lernen. Bausteine für den Fachunterricht.* Weinheim: Beltz.

KÖCK, H. [Hrsg.] (1986): *Handbuch des Geographieunterrichts. Band 1: Grundlagen des Geographieunterrichts.* Köln: Aulis Verlag Deubner.

LAUER, W.; BENDIX, J. (2004): *Klimatologie.* Braunschweig: Westermann.

LESER, H. [Hrsg.] (1997): *Diercke-Wörterbuch Allgemeine Geographie.* Braunschweig: Westermann.

MAGER, R. F. (1970): *Motivation und Lernerfolg - Wie Lehrer ihren Unterricht verbessern können.* Basel: Beltz.

MAYER, R. E. (2001). *Multimedia Learning.* New York: Cambridge University Press.

MEYER, H. (1987): *Unterrichtsmethoden. Band 2: Praxisband.* Berlin: Cornelsen Scriptor.

PÜTZ, R., REUBER, P. (2001): *Das Internet im Erdkundeunterricht* – In: geographie heute, 195. Berlin: Friedrich Verlag.

PRESS, F., SIEVER, R. (1995): *Allgemeine Geologie.* Heidelberg: Spektrum.

RINSCHEDE, G. (2003): *Geographiedidaktik.* Paderborn: Schöningh.

ROLFF, H.-G. (2004): *Gesundheitsförderung in der Schule und Lernerfolg - eine Studie für OPUS.* URL: http://www.learnline.de/angebote/gesundids/medio/service/hin1/pdf/Rolff.pdf [22.1.2007].

SCHLEICHER, Y. (2004): *Computer, Internet & Co im Erdkundeunterricht.* Berlin: Cornelsen Scriptor.

SCHMIDT, H. (2003): *So erkläre ich Geografie - Modelle und Versuche einfach anschaulich.* Mülheim: Verlag an der Ruhr.

SCHRETTENBRUNNER, H. [Hrsg.] (1997): *Software für den Geographieunterricht* – Geographiedidaktische Forschungen, Band 18. Nürnberg.

SCHRETTENBRUNNER, H., SCHLEICHER, Y. (2002): *Räumliche Prozesse im Unterricht* -In: Geographie und Schule, 140. Köln: Aulis.

SENATSVERWALTUNG FÜR BILDUNG, JUGEND UND SPORT (2004): *Schulgesetz für das Land Berlin vom 26. Januar 2004*, in der ab 1. Januar 2007 geltenden Fassung (zuletzt geändert durch Art. V des Gesetzes vom 11. Juli 2006). Berlin.

SENATSVERWALTUNG FÜR BILDUNG, JUGEND UND SPORT (2006)[1]: *Ausführungsvorschrift über schulische Prüfungen vom 12. Mai 2006 (AV Prüfungen).* Berlin.

SENATSVERWALTUNG FÜR BILDUNG, JUGEND UND SPORT (2006)[2]: *Rahmenlehrplan für die Sekundarstufe I, Geografie.* Berlin.

SENATSVERWALTUNG FÜR BILDUNG, JUGEND UND SPORT (2006)[3]: Fachbrief Nr.3 Erdkunde. Berlin.

TREPEL, M. (1999): *Neuroanatomie.* München und Jena: Urban & Fischer.

VESTER, F. (1999): *Denken, Lernen, Vergessen.* München: Deutscher Taschenbuch-Verlag.

WEISCHET, W. (1995): *Einführung in die Allgemeine Klimatologie.* Stuttgart: Teubner.

WILHELMI, V. (2000): *Experimente im Geographieunterricht.* In: Praxis Geographie, 30. Braunschweig: Westermann.

9.2 Internet

Im Unterricht verwendete Animationen:

http://www.edumedia-sciences.com/m132_l2-the-earth.html [03.02.2007]

http://www.zdf.de/ZDFxt/module/tsunami/tsunami.htm [03.02.2007]

Weitere Internetquellen:

http://arbeitsblaetter.stangl-taller.at/FORSCHUNGSMETHODEN/Fragebogen.shtml [03.02.2007]

http://de.wikipedia.org/wiki/Animation [03.02.2007]

http://de.wikipedia.org/wiki/Tsunami [03.02.2007]

http://www.gfz-potsdam.de/bib/pub/m/merkblatt_tsunami.pdf [03.02.2007]

10 Anhang

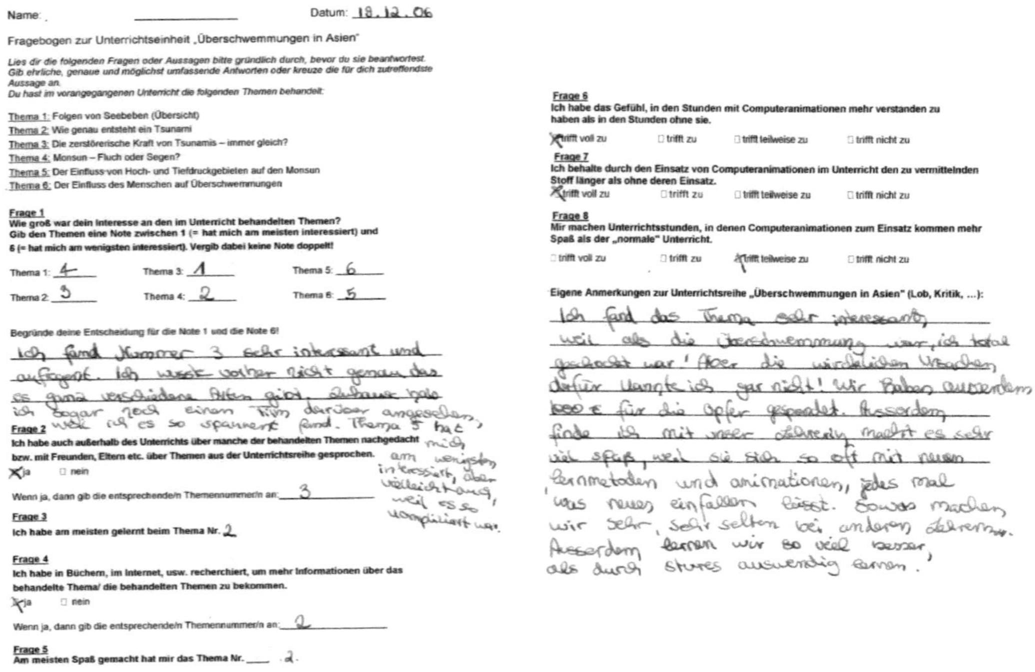

Name: ______________ Datum: 18.12.06

Fragebogen zur Unterrichtseinheit „Überschwemmungen in Asien"

Lies dir die folgenden Fragen oder Aussagen bitte gründlich durch, bevor du sie beantwortest. Gib ehrliche, genaue und möglichst umfassende Antworten oder kreuze die für dich zutreffendste Aussage an.
Du hast im vorangegangenen Unterricht die folgenden Themen behandelt:

Thema 1: Folgen von Seebeben (Übersicht)
Thema 2: Wie genau entsteht ein Tsunami
Thema 3: Die zerstörerische Kraft von Tsunamis – immer gleich?
Thema 4: Monsun – Fluch oder Segen?
Thema 5: Der Einfluss von Hoch- und Tiefdruckgebieten auf den Monsun
Thema 6: Der Einfluss des Menschen auf Überschwemmungen

Frage 1
Wie groß war dein Interesse an den im Unterricht behandelten Themen? Gib den Themen eine Note zwischen 1 (= hat mich am meisten interessiert) und 6 (= hat mich am wenigsten interessiert). Vergib dabei keine Note doppelt!

Thema 1: 4 Thema 3: 1 Thema 5: 6
Thema 2: 3 Thema 4: 2 Thema 6: 5

Begründe deine Entscheidung für die Note 1 und die Note 6!
Ich fand Nummer 3 sehr interessant und aufregend. Ich wusste vorher nicht genau, dass es ganz verschiedene Arten gibt. Zuhause habe ich sogar noch einen Film darüber angesehen, weil ich es so spannend fand. Thema 5 hat mich am wenigsten interessiert, aber vielleicht auch, weil es so kompliziert war.

Frage 2
Ich habe auch außerhalb des Unterrichts über manche der behandelten Themen nachgedacht bzw. mit Freunden, Eltern etc. über Themen aus der Unterrichtsreihe gesprochen.
☒ ja ☐ nein
Wenn ja, dann gib die entsprechende/n Themennummer/n an: 3

Frage 3
Ich habe am meisten gelernt beim Thema Nr. 2

Frage 4
Ich habe in Büchern, im Internet, usw. recherchiert, um mehr Informationen über das behandelte Thema/ die behandelten Themen zu bekommen.
☒ ja ☐ nein
Wenn ja, dann gib die entsprechende/n Themennummer/n an: 2

Frage 5
Am meisten Spaß gemacht hat mir das Thema Nr. 2.

Frage 6
Ich habe das Gefühl, in den Stunden mit Computeranimationen mehr verstanden zu haben als in den Stunden ohne sie.
☒ trifft voll zu ☐ trifft zu ☐ trifft teilweise zu ☐ trifft nicht zu

Frage 7
Ich behalte durch den Einsatz von Computeranimationen im Unterricht den zu vermittelnden Stoff länger als ohne deren Einsatz.
☒ trifft voll zu ☐ trifft zu ☐ trifft teilweise zu ☐ trifft nicht zu

Frage 8
Mir machen Unterrichtsstunden, in denen Computeranimationen zum Einsatz kommen mehr Spaß als der „normale" Unterricht.
☐ trifft voll zu ☐ trifft zu ☒ trifft teilweise zu ☐ trifft nicht zu

Eigene Anmerkungen zur Unterrichtsreihe „Überschwemmungen in Asien" (Lob, Kritik, ...):
Ich fand das Thema sehr interessant, weil als die Überschwemmung war, ich total geschockt war! Aber die wirklichen Ursachen dafür kannte ich gar nicht! Wir haben außerdem 1000 € für die Opfer gespendet. Außerdem finde ich mit unser Lehrerin macht es sehr viel Spaß, weil sie sich so oft mit neuen Lernmetoden und animationen, jedes mal was neues einfallen lässt. Sowas machen wir sehr, sehr selten bei anderen Lehrern. Außerdem lernen wir so viel besser, als durch stures auswendig lernen.

Anhang 1: Ausgefüllter Fragebogen einer Schülerin

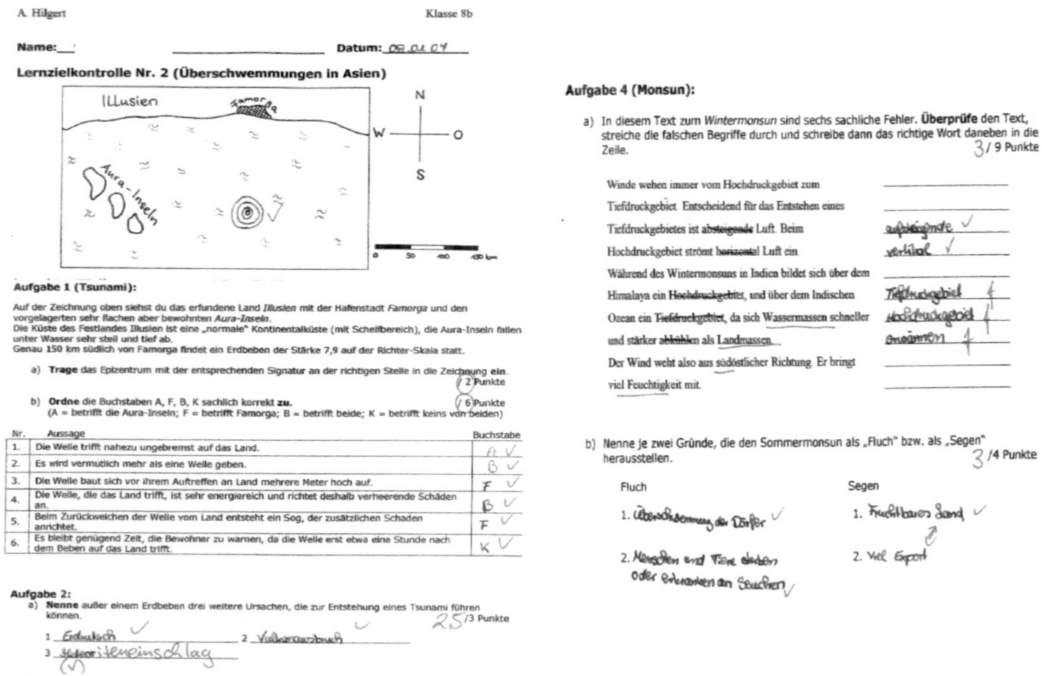

A. Hilgert Klasse 8b

Name: ______ **Datum:** 09.01.04

Lernzielkontrolle Nr. 2 (Überschwemmungen in Asien)

Aufgabe 1 (Tsunami):

Auf der Zeichnung oben siehst du das erfundene Land *Illusien* mit der Hafenstadt *Famorga* und den vorgelagerten sehr flachen aber bewohnten *Aura-Inseln*.
Die Küste des Festlandes Illusien ist eine „normale" Kontinentalküste (mit Schelfbereich), die Aura-Inseln fallen unter Wasser sehr steil und tief ab.
Genau 150 km südlich von Famorga findet ein Erdbeben der Stärke 7,9 auf der Richter-Skala statt.

a) **Trage** das Epizentrum mit der entsprechenden Signatur an der richtigen Stelle in die Zeichnung **ein**. 2 Punkte

b) **Ordne** die Buchstaben A, F, B, K sachlich korrekt **zu**. 6 Punkte
(A = betrifft die Aura-Inseln; F = betrifft Famorga; B = betrifft beide; K = betrifft keins von beiden)

Nr.	Aussage	Buchstabe
1.	Die Welle trifft nahezu ungebremst auf das Land.	A ✓
2.	Es wird vermutlich mehr als eine Welle geben.	B ✓
3.	Die Welle baut sich vor ihrem Auftreffen an Land mehrere Meter hoch auf.	F ✓
4.	Die Welle, die das Land trifft, ist sehr energiereich und richtet deshalb verheerende Schäden an.	B ✓
5.	Beim Zurückweichen der Welle vom Land entsteht ein Sog, der zusätzlichen Schaden anrichtet.	F ✓
6.	Es bleibt genügend Zeit, die Bewohner zu warnen, da die Welle erst etwa eine Stunde nach dem Beben auf das Land trifft.	K ✓

Aufgabe 2:

a) **Nenne** außer einem Erdbeben drei weitere Ursachen, die zur Entstehung eines Tsunami führen können. 2,5/3 Punkte

1 Erdrutsch ✓ 2 Vulkanausbruch ✓
3 Meteoriteneinschlag (✓)

Aufgabe 4 (Monsun):

a) In diesem Text zum *Wintermonsun* sind sechs sachliche Fehler. **Überprüfe** den Text, streiche die falschen Begriffe durch und schreibe dann das richtige Wort daneben in die Zeile. 3/ 9 Punkte

Winde wehen immer vom Hochdruckgebiet zum
Tiefdruckgebiet. Entscheidend für das Entstehen eines
Tiefdruckgebietes ist ~~absteigende~~ Luft. Beim — aufsteigende ✓
Hochdruckgebiet strömt ~~horizontal~~ Luft ein. — vertikal ✓
Während des Wintermonsuns in Indien bildet sich über dem
Himalaya ein ~~Hochdruckgebiet~~, und über dem Indischen — Tiefdruckgebiet f
Ozean ein ~~Tiefdruckgebiet~~, da sich Wassermassen schneller — Hochdruckgebiet f
und stärker ~~abkühlen~~ als Landmassen. — erwärmen f
Der Wind weht also aus südöstlicher Richtung. Er bringt
viel Feuchtigkeit mit.

b) Nenne je zwei Gründe, die den Sommermonsun als „Fluch" bzw. als „Segen" herausstellen. 3 /4 Punkte

Fluch
1. Überschwemmung der Dörfer ✓
2. Menschen und Tiere sterben oder erkranken an Seuchen ✓

Segen
1. Fruchtbares Land ✓
2. Viel Export

Anhang 2: Exemplarisches Schülerbeispiel zur BSL 2

Erdkunde 8b	Überschwemmungen in Asien	Name:
	Die zerstörerische Kraft von Tsunamis - immer gleich?	Datum: 13.11.06

Aufgabe:
Gehe auf die interaktive Tsunami-Chronik vom ZDF unter:
http://www.zdf.de/ZDFde/inhalt/6/0,1872,2285062,00.html
Finde heraus welche Rolle der **Sog** einer Tsunami-Welle und die **Beschaffenheit der Küsten** bei dem **Grad der Zerstörung** spielen.
Tipp: Sieh dir hierbei die Animation bei 03:21 (Malediven) an und lies den Text bei 02:30 (Malaysia).

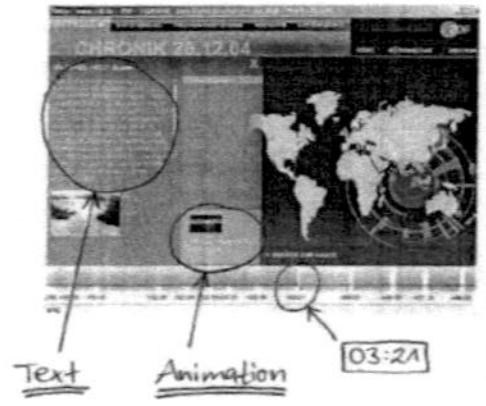

Der Sog:
Tritt ein Sog auf, so gibt es* zusätzlich zur eigentlichen Tsunami-Welle Zerstörungen. Ein Sog entsteht, wenn das Land, auf das der Tsunami trifft, weit und hoch genug ist, so dass die Welle es nicht vollständig überspülen kann. (kleine Inseln). Die Malediven und Seychellen sind zu flach und zu schmal; hier entstand kein Sog; sie wurden komplett überspült.

*durch den erneuten kraftvollen (energiereichen) Rückzug von Wasser.

Die Beschaffenheit der Küste:

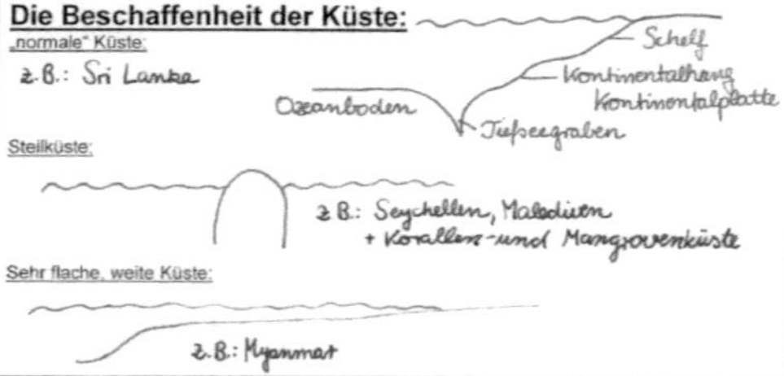

Anhang 4: Exemplarischer ausgefüllter Arbeitsbogen der dritten Unterrichtsstunde

Name: Name des Kindes:

Sehr geehrte Eltern und Erziehungsberechtigte der Klasse 8b,

wie schon beim Elternabend vom 11.09. besprochen, benötige ich zum Zweck meiner Zweiten Staatsexamensarbeit Ihre Hilfe in Form einiger Informationen, die Ihre computertechnische Ausstattung im Haushalt betreffen.

Nr.	Frage	JA	NEIN	NICHT BEKANNT
1	Besitzen Sie einen Computer?	X		-------
	Wenn Sie mit „JA" geantwortet haben: weiter bei Frage Nr. 3 Wenn Sie mit „NEIN" geantwortet haben: weiter bei Frage Nr. 2			
2	Besteht die Möglichkeit, den Computer von Verwandten, Bekannten oder Nachbarn zeitweise zu nutzen?			-------
	Wenn Sie mit „JA" geantwortet haben: weiter bei Frage Nr. 3 Wenn Sie mit „NEIN" geantwortet haben: Vielen Dank für Ihre Mitarbeit!			
3	Darf Ihr Kind diesen Computer zeitweise für schulische Zwecke nutzen?	X		-------
	Wenn Sie mit „JA" geantwortet haben: weiter bei Frage Nr. 4 Wenn Sie mit „NEIN" geantwortet haben: Vielen Dank für Ihre Mitarbeit!			
4	Besitzt der Computer einen Anschluss an das Internet?	X		
5	Befinden sich auf diesem Rechner die Programme „Quicktime" und „Real Player"?	X /	X	
6	Falls nicht, wäre es möglich diese zu installieren? (Gratis-Download aus dem Internet)	X		-------

(Unterschrift)

Ich danke Ihnen vielmals für Ihre Mitarbeit!

Mit freundlichen Grüßen
A. Hilgert

Anhang 3: Ausgefüllter Bogen der Elternbefragung

Stunde (Datum)	Stundenthema	Richtziele*	Groblernziel	Inhalt / Methode (Sozialform) **Hausaufgaben** (wenn schwerpunktrelevant)	Medien/Material
1. Stunde (30.10.06/ 2.11.06)	Seebeben und ihre Folgen	KRZ1,(3) ARZ1,3,4 IRZ1,2,3,4 SRZ1,2,3,4	Die Schüler erarbeiten Folgen und Ursachen eines Tsunamis und können Gemeinsamkeiten der Ursachen ermitteln. (Erarbeitung von Basiswissen und erstes Arbeiten mit dem neuen Medium)	Auftreffen eines Tsunamis / Bildinterpretation (gUG) Ursache, Folgen und Zeitpunkt des Tsunamis im Dezember 2004 in Südostasien / Hörtextarbeit (EA/PA) weitere Ursachen, die zu einer Tsunami-Entstehung führen können / **Animation**sauswertung (EA/PA) Ergebnispräsentation (SV)	Beamer / Foto (Welle, die mit voller Wucht das Land trifft. Im Vordergrund sind Menschen, die unerschrocken/unbeteiligt scheinen, da der Tsunami unerwartet heran schnellt.) ZDF.newmedia-Hörbuch (zur ZDF-Dokumentation vom 10.April 2005 mit Originalaufnahmen des Ereignisses und Interviews der Betroffenen) AB (leere Tabelle für Notizen „Wann?“, „Folgen?“, „Frühwarnung?“) **Animationen** (Ursachen eines Tsunamis in der „interaktiven Tsunami-Chronik“ des ZDF) AB (leere Tabelle für die vier Ursachen, Raum für Notizen) Tafel
				HA: Beschreibung der drei Phasen einer Tsunami-Entstehung	3 **Animationen** von edumedia (je eine Phase: Erdbeben, Welle, Tsunami; ohne Audio), AB (Abbildungen der Phasen und Freiraum für Beschreibungen derselben)
2. Stunde (6.11.06/ 9.11.06)	Wie genau entsteht ein Tsunami?	KRZ1 ARZ1,3,4 IRZ1,2,3,4 SRZ1,2,3,4	Die Schüler schildern die drei Phasen der Tsunami-Entstehung, um verschiedene Faktoren, die zum Aufbau eines Tsunamis führen, identifizieren und begründen zu können.	Beschreibung der drei Tsunami-Phasen / Folienpräsentation (SV) Ausbreitung der Welle (zweite Phase des Tsunamis) bezüglich der Wassertiefe, Wellenlänge und -höhe, Geschwindigkeit / **Animation**sauswertung (EA/PA) (evtl. Nachspielen der Wellen durch die Schüler: Transfer)	OH-Projektor / Folienschnipsel (entsprechen AB der Hausaufgabe aus vorangegangener Stunde) **Animation** von edumedia (Welle) Tafel / AB (leere Tabelle zur Wassertiefe, Geschwindigkeit, Wellenlänge und -höhe, zu ergänzende Merksätze, leeres Textfeld für die Begründung)
3. Stunde (13.11.06/ 16.11.06)	Die zerstörerische Kraft von Tsunamis – immer gleich?	KRZ1,3 ARZ1,3,4 IRZ1,2,3,4 SRZ1,2,3,4	Die Schüler erfassen die Auswirkungen eines Tsunamis an Land, um eine Korrelation des Zerstörungsgrades mit der jeweiligen Küstenform ableiten zu können.	Folgen des Tsunamis an verschiedenen Orten der Region, Vergleich der Küstenformen / **Animation**sauswertung (EA/PA, SV)	**Animationen** des ZDF (als Teil der interaktiven Tsunami-Chronik) Tafel / AB (Hilfestellung zur Navigation im Menüpunkt „Chronik 26.12.04“ durch eine Abbildung, leere Felder „Der Sog“ und „Die Beschaffenheit der Küste“)

Stunde (Datum)	Stundenthema	Richtziele*	Groblernziel	Inhalt / Methode (Sozialform) Hausaufgaben (wenn schwerpunktrelevant)	Medien/Material
				Zusatzaufgabe: Verortung des Ereignisses	Internet / AB (stumme Karte „Asien") und transparentes Epizentrum zum Aufkleben
4. Stunde (20.11.06/ 23.11.06)	Monsun – Fluch oder Segen?	KRZ1,(3) ARZ1,2 IRZ1,2 SRZ1,2,3,4	Die Schüler beschreiben den Winter- und Sommermonsun, um die Bedeutung des Doppelcharakters dieses Phänomens für die indische Bevölkerung abwägen zu können.	Heranführung / Liedtexterarbeitung (EA: Heraushören und Aufschreiben des Refrains, gUG: für das Unterrichtsthema relevante Passagen des Refrains herausarbeiten) Phänomen Sommer- und Wintermonsun / Tandembogen	Lied „Durch den Monsun" (von Tokio Hotel) Tandembogen mit Informationstexten und Fotos zum Winter- und Sommermonsun, AB mit schematischen Abbildungen der Windrichtungen im Sommer und Winter über Indien (inkl. Hoch- und Tiefdruckgebieten), leerer Tabelle für Stichpunkte sowie einer leeren Fazitbox „Monsun – Fluch oder Segen?"
5. Stunde (27.11.06/ 30.11.06)	Der Einfluss von Hoch- und Tiefdruckgebieten auf den Monsun	KRZ1 ARZ2 IRZ1,2 SRZ1,2,3,4	Die Schüler erarbeiten eigenständig die Entstehung von Hoch- und Tiefdruckgebieten allgemein und über dem indischen Subkontinent sowie deren Einfluss auf die Entstehung des Monsuns, um die Niederschlagsverhältnisse im Sommer und im Winter begründen zu können.	Entstehung von Hoch- und Tiefdruckgebieten, deren Einfluss auf den Monsun und somit auf die unterschiedlichen Niederschlagsverhältnisse im Sommer und im Winter / eigenständige Materialauswertung und Wissenserwerb, anschließend Umstrukturierung des erworbenen Wissens mit schriftlicher Fixierung (EA, später PA) Ergebnissicherung (gUG)	AB (M1:Schema zur Entstehung von Wind; M2:Kasten mit drei Kurzinformationen: Erwärmung von Wasser- und Landmassen, Wasserhaltevermögen von warmer und kalter Luft und Verschiebung der ITC; M3:Schema des Winter- und Sommermonsuns mit Angaben zu Verdunstung, Niederschlag, ITC, Hoch- und Tiefdruckgebieten, Windrichtungen) Tafel
6. Stunde (4.12.06/ 7.12.06)	Anthropogene Ursachen von Überschwemmungen	KRZ1,2,3 ARZ1,2 IRZ1,2 SRZ1,2,3,4	Die Schüler erfassen exemplarisch Ursachen und Folgen von Überschwemmungen an Gebirgsflüssen, um begründet Präventionsmaßnahmen vorschlagen zu können.	Überschwemmungsursachen und -folgen in Gebirgsflussregionen / Textarbeit (GA) Natürliche und anthropogene Gegebenheiten und Einflüsse der Gebirgsregion bzw. der Region des Gebirgsflusses / Vervollständigen einer vorgegebenen Skizze Ergebnispräsentation (SV) Präventionsvorschläge (gUG)	AB (Text mit Fallbeispielen einer Familie aus Nepal, Skizze der Region eines Gebirgsflusses mit Freiraum für stichpunktartige Eintragungen) Tafel Tafel

Stunde (Datum)	Stundenthema	Richtziele*	Groblernziel	Inhalt / Methode (Sozialform) Hausaufgaben (wenn schwerpunktrelevant)	Medien/Material
7. Stunde (18.12.06)	Evaluation und Reflektion der Unterrichtsreihe (kurzfristiger Lernerfolg)		Die Schüler reflektieren die Unterrichtsreihe und geben die erworbenen Kenntnisse der Unterrichtsreihe in einer Lernzielkontrolle wieder.		Fragebogen, Lernzielkontrolle (BSL 1)
8. Stunde (08.01.07)	Evaluation der Unterrichtsreihe (mittelfristiger Lernerfolg)		Die Schüler geben die erworbenen Kenntnisse der Unterrichtsreihe in einer Lernzielkontrolle wieder.		Lernzielkontrolle (BSL 2)

Legende:
gUG = gelenktes Unterrichtsgespräch
HA = Hausaufgabe
KRZ/ARZ/IRZ/SRZ = Richtziel (kognitives/affektives/instrumentelles/soziales)
SV = Schülervortrag
AB = Arbeitsbogen
EA/PA/GA = Einzel-/Partner-/Gruppenarbeit
* (Lernziele der Unterrichtseinheit nach Ch. Möller)

☐ = für den Darstellungsschwerpunkt relevante Stunden

■ = für den Darstellungsschwerpunkt relevante und analysierte Stunden